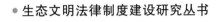
生态文明法律制度建设研究丛书

冲突与衡平：
国际河流生态补偿制度的构建与中国应对

CHONGTU YU HENGPING
GUOJI HELIU SHENGTAI BUCHANG ZHIDU DE
GOUJIAN YU ZHONGGUO YINGDUI

曾彩琳●著

重庆大学出版社

图书在版编目（CIP）数据

冲突与衡平：国际河流生态补偿制度的构建与中国
应对 / 曾彩琳著. --重庆：重庆大学出版社，2023.6
（生态文明法律制度建设研究丛书）
ISBN 978-7-5689-3620-0

Ⅰ.①冲…　Ⅱ.①曾…　Ⅲ.①河流—生态环境—补偿
机制—研究—中国　Ⅳ.①X321

中国国家版本馆CIP数据核字（2022）第222736号

冲突与衡平：国际河流生态补偿制度的构建与中国应对

曾彩琳　著

策划编辑：孙英姿　张慧梓　许 璐
责任编辑：张 维　　版式设计：许 璐
责任校对：王 倩　　责任印制：张 策

*

重庆大学出版社出版发行
出版人：饶帮华
社址：重庆市沙坪坝区大学城西路 21 号
邮编：401331
电话：（023）88617190　88617185（中小学）
传真：（023）88617186　88617166
网址：http://www.cqup.com.cn
邮箱：fxk@cqup.com.cn（营销中心）
全国新华书店经销
重庆升光电力印务有限公司印刷

*

开本：720mm×960mm　1/16　印张：16　字数：218 千
2023 年 6 月第 1 版　2023 年 6 月第 1 次印刷
ISBN 978-7-5689-3620-0　定价：88.00 元

丛书编委会

主　任：黄锡生
副主任：史玉成　　施志源　　落志筠
委　员（按姓氏拼音排序）：
　　　　邓　禾　　邓可祝　　龚　微　　关　慧
　　　　韩英夫　　何　江　　卢　锟　　任洪涛
　　　　宋志琼　　谢　玲　　叶　轶　　曾彩琳
　　　　张天泽　　张真源　　周海华

作者简介

曾彩琳，湖南衡阳人，法学博士，山东师范大学副教授。长期从事环境与资源保护法学、国际私法学、婚姻家庭法学等的教学与研究工作，曾主持国家社科基金项目1项，中国法学会、司法部、山东省社科规划等省部级项目5项，曾主持完成《山东省环境保护条例》等立法项目的专题论证和制度设计工作，出版《环境法学专题研究》《婚姻法学探赜》等专著，在《长江流域资源与环境》《中国地质大学学报（社会科学版）》《华中科技大学学报（社会科学版）》《大连理工大学学报（社会科学版）》等刊物上发表论文近三十篇。

总　序

　　"生态兴则文明兴，生态衰则文明衰。"良好的生态环境是人类生存和发展的基础。《联合国人类环境会议宣言》中写道："环境给予人以维持生存的东西，并给他提供了在智力、道德、社会和精神等方面获得发展的机会。"一部人类文明的发展史，就是一部人与自然的关系史。细数人类历史上的四大古文明，无一不发源于水量丰沛、沃野千里、生态良好的地区。生态可载文明之舟，亦可覆文明之舟。随着发源地环境的恶化，几大古文明几近消失。恩格斯在《自然辩证法》中曾有描述："美索不达米亚、希腊、小亚细亚以及其他各地的居民，为了得到耕地，毁灭了森林，但是他们做梦也想不到，这些地方今天竟因此成了不毛之地。"过度放牧、过度伐木、过度垦荒和盲目灌溉等，让植被锐减、洪水泛滥、河渠淤塞、气候失调、土地沙化……生态惨遭破坏，它所支持的生活和生产也难以为继，并最终导致文明的衰落或中心的转移。

　　作为唯一从未间断传承下来的古文明，中华文明始终关心人与自然的关系。早在5000多年前，伟大的中华民族就已经进入了农耕文明时代。长期的农耕文化所形成的天人合一、相生相克、阴阳五行等观念包含着丰富的生态文明思想。儒家形成了以仁爱为核心的人与自然和谐发展的思想体系，主要表现为和谐共生的顺应生态思想、仁民爱物的保护生态思想、取物有节的尊重生态思想。道家以"道法自然"的生态观为核心，强调万物平等的公平观和自然无为的行为观，认为道是世间万物的本源，人也由道产生，是自然的组成部分。墨家在长期发展中形成"兼相爱，交相利""天志""爱无差等"的生态思想，对当代我们共同努力探寻的环境危机解决方案具有较高的实用价值。正是古贤的智慧，让中华民族形成了"敬畏自然、行有所止"的自然观，使中华民族能够生生不息、繁荣壮大。

中华人民共和国成立以来，党中央历代领导集体从我国实际国情出发，深刻把握人类社会发展规律，持续关注人与自然关系，着眼于不同历史时期社会主要矛盾的发展变化，总结我国发展实践，从提出"对自然不能只讲索取不讲投入、只讲利用不讲建设"到认识到"人与自然和谐相处"，从"协调发展"到"可持续发展"，从"科学发展观"到"新发展理念"和坚持"绿色发展"，都表明我国环境保护和生态文明建设作为一种执政理念和实践形态，贯穿于中国共产党带领全国各族人民实现全面建成小康社会的奋斗目标过程中，贯穿于实现中华民族伟大复兴的中国梦的历史愿景中。党的十八大以来，以习近平同志为核心的党中央高度重视生态文明建设，把推进生态文明建设纳入国家发展大计，并提出美丽中国建设的目标。习近平总书记在党的十九大报告中，就生态文明建设提出新论断，坚持人与自然和谐共生成为新时代坚持和发展中国特色社会主义基本方略的重要组成部分，并专门用一部分内容论述"加快生态文明体制改革，建设美丽中国"。习近平总书记就生态文明建设提出的一系列新理念新思想新战略，深刻回答了为什么建设生态文明、建设什么样的生态文明、怎样建设生态文明等重大问题，形成了系统完整的生态文明思想，成为习近平新时代中国特色社会主义思想的重要组成部分。

生态文明是在传统的发展模式出现了严重弊病之后，为寻求与自然和谐相处、适应生态平衡的客观要求，在物质、精神、行为、观念与制度等诸多方面以及人与人、人与自然良性互动关系上所取得进步的价值尺度和相应的价值指引。生态文明以可持续发展原则为指导，树立人与自然的平等观，把发展和生态保护紧密结合起来，在发展的基础上改善生态环境。因此，生态文明的本质就是要重新梳理人与自然的关系，实现人类社会的可持续发展。它既是对中华优秀传统文化的继承和发扬，也为未来人类社会的发展指明了方向。

党的十八大以来，"生态文明建设"相继被写入《中国共产党章程》和《中华人民共和国宪法》，这标志着生态文明建设在新时代的背景下日益规范化、制度化和法治化。党的十八大提出，大力推进生态文明建设，把生态文明建设放在突出地位，融入经济建设、政治建设、文化建设、社会建设各方面和全过程，努力建设美丽中国，实现中华民族永续发展。党的十八届三中全会提出，必须建立系统完整的"生态文明制度体系"，用制度保护生态环境。党的十八届四中全会将生态文明建设置于"依法治国"的大背景下，进一步提出"用严格的法律制度保护生态环境"。可见，生态文明法律制度建设的脚步不断加快。为此，本人于 2014 年牵头成立了"生态文明法律制度建设研究"课题组，并成功中标 2014 年度国家社科基金重大项目，本套丛书即是该项目的研究成果。

本套丛书包含 19 本专著，即《生态文明法律制度建设研究》《监管与自治：乡村振兴视域下农村环保监管模式法治构建》《保护与利用：自然资源制度完善的进路》《管理与变革：生态文明视野下矿业用地法律制度研究》《保护与分配：新时代中国矿产资源法的重构与前瞻》《过程与管控：我国核能安全法律制度研究》《补偿与发展：生态补偿制度建设研究》《冲突与衡平：国际河流生态补偿制度的构建与中国应对》《激励与约束：环境空气质量生态补偿法律机制》《控制与救济：我国农业用地土壤污染防治制度建设》《多元与合作：环境规制创新研究》《协同与治理：区域环境治理法律制度研究》《互制与互动：民众参与环境风险管制的法治表达》

《指导与管控：国土空间规划制度价值意蕴》《矛盾与协调：中国环境监测预警制度研究》《协商与共识：环境行政决策的治理规则》《主导或参与：自然保护地社区协调发展之模式选择》《困境与突破：生态损害司法救济路径之完善》《疏离与统合：环境公益诉讼程序协调论》，主要从"生态文明法治建设研究总论""资源法制研究""环境法制研究""相关诉讼法制研究"四大板块，探讨了生态文明法律制度建设的相关议题。本套丛书的出版契合了当下生态文明建设的实践需求和理论供给，具有重要的时代意义，也希望本套丛书的出版能为我国法治理论创新和学术繁荣作出贡献。

2022 年 9 月 于山城重庆

前　言

截至 2006 年，全世界共有 263 条国际河流，其流经 200 多个国家和地区，水量约占全球河流径流总量的 60%，流域周围生活的人口约占全球的 40%。国际河流蕴藏着丰富的淡水、生物、能源等资源，对流域各国的生产、生活等起着至关重要的作用。但是，在国际河流资源与环境的利用及保护中，一直存在一种"乱象"，即各流域国极力争夺开发利用权，却怠于履行保护义务，这导致国际河流水量短缺、水质污染、水生态破坏现象日益严重，各流域国间水冲突不断发生。要实现国际河流可持续利用，必须构建科学合理的国际河流保护制度。在国际水法中，对流域国严重损害流域资源与环境这种"负"的行为已有制度约束。《国际河流利用规则》《国际水道非航行使用法公约》等都明确规定，如对其他流域国造成重大损害，负有责任的国家应立刻采取合理措施消除不利影响，并对流域国所受损失进行适当补偿。但是，对某些流域国进行生态系统恢复和重建这种"正"的行为却未规定任何补偿措施，这使得权利的享有和义务的承担处于不平等状态，不符合公平正义原则，也势必会影响各流域国保护流域资源与环境的积极性。正是这一背景，促成本书的立意与写作。

本书运用了价值分析法、实证分析法、经济分析法、系统分析法等多种研究方法，借用相关学科理论分析了国际河流生态补偿制度构建的合理性、必要性，论证了国际河流生态补偿制度构建的可行性，在此基础上，针对国际河流生态补偿实践中存在的问题，从补偿主体、补偿标准、补偿方式、补偿机构、救济方式等方面进行具体的制度构建建议，并依据我国所处的形势提出我国在国际河流生态补偿制度构建上应有的立场和对策建议。

本书主要内容为：

第一章　导论

导论部分介绍了国际河流生态补偿制度的研究背景、研究意义、国内外研究现状、研究思路、研究方法及创新之处等内容。导论的写作目的主要在于通过研究背景的阐述以明确本书的研究问题，以及研究该问题有何重大理论及现实意义等。

第二章　国际河流生态补偿制度的相关概念界定

本章是国际河流生态补偿制度研究的逻辑起点。构建科学合理的国际河流生态补偿制度的前提是对国际河流生态补偿制度的相关概念作出清晰的界定。本章首先针对理论及实践中的国际河流基础概念使用混乱、性质理解不一的现象，对国际河流的概念及法律性质进行详细的梳理。其后，论证生态补偿的概念及特征。在此基础上，分析研究国际河流生态补偿的概念及特征，为后文国际河流生态补偿制度的构建奠定基础。该部分的主要观点有：国际河流泛指一切具有国际因素的河流，如界河、多国河流及狭义上的国际河流；国际河流具有共享性，国际河流的"共享"不同于传统民法中的"共有"，它是流域国基于主权及国际河流自然属性形成的特别"共有"，其核心在于"共同分享"和"共同保护"；法学意义上的生态补偿应着重从公平、正义、权利义务一致性的角度进行界定，即生态补偿是指在资源的开发利用和生态环境的保护中，开发、利用资源和获取生态利益的一方应对进行资源保育、环境保护的一方以相应的补偿，以维护生态安全、实现生态公平；现阶段生态补偿已从"生态的自我补偿""人对生态的补偿"过渡为"人对人的补偿"；国际河流生态补偿不同于国内河流生态补偿及其他类型国际生态补偿，具有独特性。

第三章　国际河流生态补偿制度构建的理论依据

国际河流生态补偿制度构建的理论依据是国际河流生态补偿制度研究的理论基石，也是进行后续研究的前提条件。本章从多个角度对国际河流生态补偿问题进行分析，论证了构建国际河流生态补偿制度的必要性及可行性。其中，生态系统整体性理论、外部经济性理论、公共产品理论、环境资源价值理论、正义理论等说明了构建国际河流生态补偿制度的必要性，共同利益论说明了构建国际河流生态补偿制度的可行性。

第四章　国际河流生态补偿制度构建的现实基础

本章从实证角度论证了国际河流生态补偿制度构建的可行性。通过选取某些国际河流生态补偿及国内跨区域河流生态补偿的典型案例进行比较分析，从而说明国际河流生态补偿制度的构建已具备坚实的现实基础。同时，国际河流及国内跨区域河流生态补偿实践也为国际河流生态补偿制度的具体构建提供了可供借鉴的经验。本章的主要观点有：完备的立法是流域生态补偿有效实施的基础及重要保障；健全的流域机构是流域生态补偿有序实施的组织保证；协商是解决流域生态补偿相关问题的重要方式。

第五章　国际河流生态补偿制度的具体构建

国际河流生态补偿制度的具体构建是国际河流生态补偿制度研究的落脚点和最终目的，也是其价值所在。国际河流生态补偿问题研究的核心就在于解决谁来补偿、如何补偿、补偿多少、最终如何落实等关键问题。本章从国际河流生态补偿制度追求的价值目标入手，提出了国际河流生态补偿制度构建应遵循的五大原则，并着重从补偿主体、补偿标准、补偿方式、补偿机构、救济方式等几方面对国际河流生态补偿制度进行具体的制度设计。本章的主要观点有：在国际河流生态补偿中，生态正义和生态秩序是首要的价值追求。生态正义主要表现为流域国生态利益和生态责任的公平享有与承担、可持续利用、生态平衡三个维度；生态秩序主要体现为各流域国对国际河流资源与环境利用的秩序及流域国之间在国际河流资源与环境利用上的秩序；在国际河流生态补偿制度的构建和实施中，应遵循受益者补偿原则、权利义务相一致原则、共同但有区别的责任原则、协调发展原则及国际合作原则；补偿的权利主体为生态利益的贡献国，义务主体为生态利益的受益国；国际河流生态补偿的标准应根据具体情况，以成本评估和效益评估为基础，由受益国与贡献国通过协商来确定；补偿方式可为货币补偿、实物补偿、项目补偿、技术补偿、信贷补偿等多种形式；生态补偿组织机构采取何种形式并无定式，但为保障生态补偿的顺利进行，组成人员需包括补偿的提供者与收受者、专业人员、第三人等，同时，赋予机构以基础调查、组织协商、监督、调解等各种职能；因国际河流生态补偿问题引发的争端具有很强的政治性和复杂性，因而更适合采取谈判与协商、斡旋与调停等政治方法解决。

第六章　我国在国际河流生态补偿制度构建上应有的立场与对策

本章是本书研究的另一目的。本书对国际河流生态补偿制度进行研究，除希冀通过制度构建有益于国际河流的可持续利用外，也谋求在国际谈判中为我国提供理论支持。我国作为境内大部分国际河流的上游国，一方面，需承担较重的流域生态环境保护义务；但另一方面，也有开发利用国际河流的权利。但是，某些流域国将我国的生态保护行为视为"应然"，却对我国开发利用国际河流的行为横加指责，甚至提出所谓的"中国水威胁论"。对此，本书提出我国应主动承担国际义务，也要积极主张我国作为上游国的权利，生态补偿权就是其中之一。同时，我国应在充分评估国际国内形势的前提下，深度参与国际立法，推动国际河流生态补偿制度的构建；积极开展水外交，增进流域国间的互信与协作；主动采取国际河流环境保护行动，推动国际河流的协商共治。

本书立足于国际河流生态补偿现实，提出国际河流生态补偿制度构建的具体建议，具有一定的理论及实践价值。从理论价值上说，首先，本书将推进国际河流生态补偿制度构建问题的理论研究。学界虽然对国际河流生态补偿制度构建的价值、主体、内容等问题有了初步研究，但是目前研究较为零散。本书从理论依据、现实基础、构建路径、追求目标、秉承原则、具体内容等方面对国际河流生态补偿问题进行整体性的研究，将为学界今后相关问题的研究奠定基础和提供参考。其次，本书将为其他学科相关研究提供参考。国际河流水环境治理是一个复杂的系统工程，涉及国际国内法学、生态学、经济学、公共管理学等诸多学科的知识，本书关于国际河流生态补偿制度的研究一方面离不开对国际法学等相关学科成果的吸收和借鉴；另一方面，也将为其他学科的研究提供参考，推动其他学科相关研究的发展。从实践价值上说，国际河流生态补偿制度的构建是国际河流可持续利用的客观要求，是解决当前全球性水危机问题的制度保障。因此，本书不仅可以为流域各国订立相关条约、协调水资源分享冲突提供参考，也可以为我国国内跨区域河流的生态补偿实践提供借鉴。同时，由于我国是境内大多数国际河流的上游国，在保护流域整体生态环境上承担了更多的责任，理应得到相应的补偿。因此，本书可以为捍卫我国在国际河流开发利用及保护上的主权和利益提供理论依据及方法参考。

本书在写作中得到了众多老师、亲人及朋友的指导、支持和关心。本书出版之际，我要向他们真诚地道一声感谢。感谢我的导师黄锡生教授和周玉华教授，他们不仅在学术上为我指点迷津，也在生活上给我诸多关怀和帮助。恩师高尚的品格、渊博的学识、开阔的视野、严谨的思维都深深地影响着我，值得我一生去学习和体会。恩师的教诲，学生也将永远铭记于心。感谢我的家人，在艰辛的写作过程中，他们给予了我莫大的支持。他们无私的爱，是我不断前行的动力。感谢重庆大学出版社对本书出版的大力支持，诸位编辑老师为本书的出版付出了艰辛的劳动。本书在写作过程中，还参考和借鉴了众多学者的研究成果。正是因为站在了众多"巨人"的肩膀上，才有了本书的一点拙见，在此一并向他们表示感谢。同时，由于本人能力和水平有限，书中难免有疏漏和不足之处，提出的某些观点在学界前辈和同行看来可能不免粗鄙或幼稚。然而，学术之途，总需要在不断的探索、不断的否定、不断的思想碰撞中求得进展。因此，我不揣浅陋，将此书出版，恳请各位学界前辈及同行给予支持和鼓励，同时，对书中不足之处予以指正。

苟彩琳

2022 年 12 月

第一章　导　论

第二章 国际河流生态补偿制度的相关概念界定

第三章 国际河流生态补偿制度构建的理论依据

第四章　国际河流生态补偿制度构建的现实基础

第五章　国际河流生态补偿制度的具体构建

第六章　我国在国际河流生态补偿制度构建上应有的立场与对策

主要参考文献

第一章　导　论

第一节　研究背景

任何制度研究都基于一定的社会背景，偏离了背景的研究，将是无源之水、无本之木，对国际河流生态补偿制度的研究亦是如此。本书之所以以"国际河流生态补偿制度"为题展开研究，源于全球性水危机的出现。随着国际河流水资源日渐稀缺，流域国间常出现"只争权利、不尽义务"的"乱象"，这导致国际河流水量问题、水质问题、水生态问题愈加严重，各流域国间水冲突不断发生。

一、全球性水危机

（一）水量问题

水在人们心目中曾是取之不尽、用之不竭的自然资源。但实际上，地球上的淡水储量仅占全球总水量的 2.53%，淡水中的 68.7% 又来自固体冰川，分布在高山、南北两极及很深的地下，难以进行开采。目前，人类可以直接利用的只有地下水、湖泊淡水和河床水，三者总和约占地球总水量的 0.77%。随着世界人口的增长、各国工农业生产的大规模发展，这部分淡水资源日渐难以满足人类生活需求。[1]另一方面，污染、全球气候变暖等原因导致某些水资源退化，可利用水量减少。在第 18 个"世界水日"，联合国教科文组织表示，全球约有 8.84 亿人口无法获得安全饮用水，水质恶化已经严重影响地区生态环境和人类健康。人类对水资源的需求大量增加，可利用的水资源量却在急剧减少，水资源供需间存在突出的矛盾。

曾被认为是取之不尽、用之不竭的水资源正缩小为一块"资源馅饼"。为满足本国的需求，各流域国对这块"馅饼"的争夺日趋激烈，甚至发生严重的对抗。例如，尼罗河流域的埃及与埃塞俄比亚之间、约旦河流域的以色列和巴勒斯坦之间、恒河流域的印度和孟加拉国之间、底格里斯－幼发拉底河流域的土耳其和伊拉克之间的水资源争夺战经久不息，已经成为局势紧张的根源。又如，2010年，中国西南地区遭遇严重旱灾，以致澜沧江－湄公河水位出现半个世纪来最严重的水位下降现象，泰国、老挝、越南和柬埔寨等国的村庄深受其害，这些国家的农业、渔业以及饮用水供应都受到影响，这进一步加剧了中国与下游国家之间的紧张局势。[2]早在 1972 年联合国人类环境会议就指出："石油危机之后，下一个危机是水。"联合国预计，到 2025 年，全世界淡水需求量将增加 40%，世界将有近一半人口生活在缺水地区。因此，水危机将是未来人类面临的最严重的挑战之一。

（二）水质问题

国际河流水资源污染也是导致流域国水益分享冲突的重要原因之一。近些年来，各流域国在发展经济的同时也向国际河流排放大量的污染物，加之各种工业事故频发，大量有毒有害物质进入水体，国际

---

[1]　王禹翰.中外地理一本通［M］.沈阳：万卷出版公司，2010：50.

[2]　柯坚，高琪.从程序性视角看澜沧江－湄公河跨界环境影响评价机制的法律建构［J］.重庆大学学报（社会科学版），2011（2）：14-22.

河流水污染问题已经相当严重。据统计，全世界每年大约有 400 亿立方米污水排入江河，占世界淡水总量的 14% 左右，40% 以上的国际河流受到严重污染，河水中含有大量强毒性的铬、汞、氰化物、酚类化合物、砷化物等。[1] 由于水资源的自然流动性，处于某国境内河段的污染常会殃及其他流域国，这往往会引发流域国间的激烈冲突。例如，2000 年 1 月，在罗马尼亚西北部城市奥拉迪亚附近，由罗马尼亚和澳大利亚联合经营的巴亚马雷金矿的污水处理池出现了一个大裂口，10 多万升剧毒及重金属污染物质流入附近的索莫什河，而后又冲入匈牙利境内的多瑙河支流蒂萨河。毒水流经之处，大部分生物在短时期内暴死，河流两岸的鸟类、野猪、狐狸等陆地动物纷纷死亡、植物渐渐枯萎，一些特有的生物物种灭绝，这次事件造成了自苏联切尔诺贝利核电站事故以来欧洲最大的环境灾难。匈牙利、南斯拉夫等流域国也深受其害。事故发生后，受害国反应强烈，就多瑙河污染造成的生态灾难向罗马尼亚提出抗议，要求罗马尼亚赔偿他们所遭受的巨大损失。[2]

（三）水生态问题

国际河流生态系统具有整体性，每一条国际河流都是由流水及流域中的动物、植物、微生物和环境因素相互作用构成的生命系统。在这个生命系统里，各组成部分紧密相连，牵一发而动全身，水量减少，水质污染，以及各种乱砍滥伐、过度开发行为等都会使水生态环境受到影响。当前，某些流域国向水体过度排放有害物质或超量用水，导致水质下降或水量枯竭；大肆砍伐森林，加剧了流域内水土流失；未经科学评估兴修大型水电站，使流域内某些物种濒临灭绝，生物多样性锐减等。流域国的这些不当行为轻则造成流域水生态恶化，重则给整个流域带来巨大的生态灾难。例如，由于过度开发，莱茵

---

［1］ 冯晓晶，杨琛.人类生命之源：水［M］.北京：中国三峡出版社，2014：68.

［2］ 邢鸿飞，王志坚.国际河流安全问题浅析［J］.水利发展研究，2010（2）：27-29，47.

河一度成为欧洲最大的下水道，在 1976 年被确认为世界上污染最严重的河流之一，珍稀水生生物大量减少甚至灭绝，造成许多不可逆的生态问题。之后，虽经过几十年的治理，莱茵河水生态环境仍然未能得到根本改善。[1]

二、全球性水冲突

世界上有 263 条跨国界河流，其中，至少有 158 条跨国界河流存在国际争端和纠纷，这些争端和纠纷严重影响区域的和平与稳定。[2]

（一）亚洲地区

截至 2006 年，亚洲地区有国际河流 57 条，其中，流域面积大于 10 万平方千米的就有 16 条，约为全球总数的 1/3。[3]尽管亚洲地区国际河流数量众多，但由于人口基数大，人均水资源占有量低，加之错综复杂的历史、种族、宗教等社会原因，该地区的国际河流水资源利益分享冲突复杂而又激烈。

在澜沧江－湄公河流域，水资源开发目标各异，各流域国间冲突不断。例如，为了发展水电和防洪事业，中国和缅甸在湄公河上游建造大坝，下游国老挝、泰国、柬埔寨和越南等认为这将对本国的灌溉、航运等造成影响，因此表示强烈的不满，引发了上下游国间旷日持久的争端。

在恒河流域，印度和孟加拉国间的水争端经久不息。上游国印度为农业大国，为满足灌溉需要，从 20 世纪 50 年代起，便开始从恒河上游引水，严重影响下游国孟加拉国的经济发展和人民生活，引发孟

［1］ 翁锦武. 中外河流科学治污范例精编［M］. 杭州：浙江工商大学出版社，2015：60-62.

［2］ Wolf A T. Shared waters：Conflict and cooperation［J］. Annual Review of Environment and Resources，2007（32）：241-269.

［3］ Ariel Dinar，Shlomi Dinar，Stephen McCaffrey，etal. Bridges over water：Understanding transboundary water conflict, negotiation and cooperation［M］. Hackensack，New Jersey：World Scientific Publishing Company，2009，33（1）：94-95.

加拉国的不满。20 世纪 70 年代，印度在近孟加拉国边界的恒河上游建成长达 2203 米的法拉卡水坝，把恒河拦腰截断，使 2/3 的河水流入胡格利河，经加尔各答入海，致使旱季流到孟加拉国的恒河水量减少了 3/4，这更激发了两国间的矛盾。1977 年，经过多次会谈，两国签订为期 10 年的《分享恒河水协议》，但仅执行了 5 年即告终止。1996 年 12 月，两国再次签署了《关于分享在法拉卡的恒河水条约》，虽然双方对水的分配总量达成一致意见，但是因水污染、水工程建设等原因引发的其他矛盾依然存在。

在印度河流域，印度和巴基斯坦在印度河水所有权和使用权方面的争议由来已久。20 世纪 40 年代末，印度截断东三河下游的供水，从而引发印巴两国水冲突。在世界银行的斡旋下，两国于 1960 年签订《印度河河水条约》，就印度河河水分配、利用作了安排。但是，《印度河河水条约》的签署并未最终解决印巴两国在水资源利用方面的争端。尤其是 1999 年印度投资 10 亿美元在印巴两国共享的印度河五大支流之一的杰纳布河上修建了用于水力发电的巴格里哈大坝，巴方认为该水电站建成后会给处在杰纳布河下游的巴方农田灌溉造成负面影响，因此巴方强烈反对该水电站的修建。多年来，印巴两国就巴格里哈水坝问题举行过多轮会谈，都没有取得实质进展，双方争议呈愈演愈烈之势。有关印度和巴基斯坦水争端，联合国 2009 年 3 月初的一份报告中特意提到，"水源争执与气候变化危机、能源短缺、食品供应和价格危机以及金融市场不稳定都有直接关系，如果水危机不能及时解决，那么其他危机只会加重，形势只能进一步恶化，并导致各种政治不安全和各个层面的冲突"[1]。

在约旦河流域，由于以色列、约旦、黎巴嫩、叙利亚等流域国水资源严重不足，因此对约旦河流域水资源的争夺尤为激烈。以色列基于自身生存和发展需要，曾在 20 世纪 50 年代初提出通过修建水渠和

---

[1] 周戎.水资源争夺：印巴冲突的潜在催化剂［N］.光明日报，2009-03-29（8）.

拦河坝迫使约旦河改道的计划，以便掠取约旦河的大部分水资源，但此计划将严重削减沿岸阿拉伯国家可获取的水资源量，因此遭到约旦河流域其他阿拉伯国家的强烈反对，并针锋相对地进行自己的约旦河改道计划以抵消以色列计划对它们所造成的损失。以色列则于1965年派突击队对其他阿拉伯国家的约旦河水改道工程进行破坏。经过几次中东战争，以色列控制了约旦河流域大部分地区的地表和地下水资源，这成为中东地区国际水冲突的根源。时至今日，以色列和约旦之间、以色列和巴勒斯坦之间、以色列和叙利亚之间、以色列和黎巴嫩之间关于水资源分配的冲突仍持续不断。[1]

在底格里斯－幼发拉底河流域，上游国土耳其和下游国叙利亚、伊拉克间的水资源利用冲突也十分激烈。土耳其利用其上游国的地理优势对底格里斯－幼发拉底河流域进行水电开发、农业灌溉等各种水资源利用行为，大量占用有限的流域水资源。尤其是土耳其阿特塔克大坝的建造更是导致叙利亚和伊拉克的用水量严重减少，这成为三国矛盾激化的导火索。为此，三国多次进行谈判，甚至动用军队武力保卫对该流域的水资源主权。1980年，三国创建了"关于地区水的联合技术委员会"，该委员会多次召开国际会议试图解决水冲突，但一直无法取得突破性进展。

（二）欧洲地区

在欧洲地区，历史上各国曾因国际河流严重污染等问题发生过激烈的冲突。随着《赫尔辛基公约》《欧盟水框架指令》等各项公约、多边和双边条约的缔结以及国家间合作的广泛开展，大部分历史遗留的水冲突和争议都得到了比较妥善的解决。但是，由于国际河流水资源本身特有的跨界性、整体性、稀缺性，一些小的争议和冲突仍然不可避免。

---

[1] 张泽.国际水资源安全问题研究［D］.北京：中共中央党校，2009：50-51.

在多瑙河流域，匈牙利和斯洛伐克之间因为大坝建设的冲突持续不断。1977 年，匈牙利和捷克斯洛伐克签订了《关于盖巴斯科夫－拉基玛洛堰坝系统建设和运营的条约》，条约规定为实现多瑙河布拉迪斯拉发－布达佩斯河段水资源的充分利用，推动两国在水电开发、防洪、航运、农业等方面的发展，两国将以"联合投资"的模式，在多瑙河流域开展大坝建设项目。但是，1989 年匈牙利以该工程建设将导致条约缔结当时不能预见的损害为由，拒绝继续依约进行大坝建设。之后，两国就此问题进行了多次谈判，均未达成一致意见。捷克斯洛伐克及其解体后《关于盖巴斯科夫－拉基玛洛堰坝系统建设和运营的条约》的继承者斯洛伐克于 1991 年实施所谓的"临时解决"方案，单方面决定在自己领土内建设大坝，分流多瑙河水。这导致多瑙河天然河道水位大幅下降，位于水源干枯区内的珍稀物种的生存受到威胁，匈牙利表示强烈不满，认为斯洛伐克的分流行为给匈牙利造成了不可逆转的环境损害。斯洛伐克则认为匈牙利单方面中止执行条约已构成违约，自己有权采取相应的补救措施。在多次谈判未果的情形下，双方将此争议提交国际法院裁决。1997 年，国际法院以"可持续发展"为依据，认为双方行为均属国际不当行为，因此判定双方于 1977 年签订的条约依然有效，双方应根据该条约进行谈判以重建和更新工程。但是，匈牙利不愿执行法院的判决，双方的争执仍在继续。

（三）非洲地区

非洲大陆以热带气候为主，常年高温，降水量少，水资源短缺。据联合国教科文组织统计，非洲是目前世界上最缺水的地区之一。据联合国世界气象组织《2021 年非洲气候状况》报告指出，在过去的 50 年里，与干旱有关的危害导致非洲 50 多万人死亡，约 2.5 亿人受到严重缺水的影响。水资源的匮乏导致非洲各国经常因水资源分配而发生争端。其中，以尼罗河水争端最为典型。

尼罗河长约 6650 千米，是世界最长的河流，也是非洲地区重要的国际河流。尼罗河发源于非洲中部布隆迪高原，自南向北，流经布隆迪、卢旺达、坦桑尼亚、乌干达、南苏丹、苏丹和埃及等国，最后注入地中海。尼罗河由于流经广大沼泽和沙漠地区，水量大量损耗于蒸发和渗漏过程中，导致其年径流量远少于亚马孙河、刚果河、长江，甚至少于一些较小的河流，如赞比西河和尼日尔河，加之近几十年流域国人口增长、工农业发展对水资源需求剧增，导致尼罗河水供不应求，各国对其争夺日益激烈。

1959 年，苏丹共和国和阿拉伯联合共和国签订《关于充分利用尼罗河水的协定》，约定位于阿斯旺的阿里水坝建成后，在尼罗河每年可稳定提供的 840 亿立方米水量中，除去 100 亿立方米蒸发和渗漏的计划量，阿拉伯联合共和国分得 555 亿立方米、苏丹共和国分得 185 亿立方米。该协定同时规定，上游国家在未经埃及同意的情况下，不得实施筑坝等影响埃及份额的水利项目。对此协定，其他流域国尤其是上游国认为其损害了自身利益，表示反对。例如，埃塞俄比亚认为每年从埃塞俄比亚境内注入尼罗河的水量占尼罗河总水量的 86%，因此它要求每年至少分得 120 亿立方米的河水。反之，针对埃塞俄比亚从上游截留河水、开发小型水坝的计划，埃及和苏丹认为这将影响下游的生存，表示反对，埃及甚至为此对埃塞俄比亚进行武力威胁。

与此同时，随着社会经济发展，埃及、苏丹对尼罗河水的需求与日俱增，原先份额不足以满足需求，于是要求增加分配额度，并提出建设河道整治工程，以减少蒸发和渗漏损失，增加尼罗河下游地区的可用水量。但是，增水计划因涉及生态问题、经济问题、政治问题等遭到各国的强烈反对。

在这种一盘散沙、各自为政的状态下，尼罗河各流域国关于水资源分配和利用的协定难以出台，争议和冲突长期存在。这些争议和冲突又同各国在意识形态、对外政策等方面的分歧交织在一起，使尼罗河流域水资源问题更趋政治化、复杂化。[1]

除亚洲、欧洲、非洲外，北美洲、南美洲的国际河流各流域国间也常因共享国际河流水量分配、水质恶化、水生态保护等问题发生冲突。

这些共享国际河流水资源冲突如得不到妥善解决，将影响区域甚至全球和平稳定。1995 年，世界银行环境可持续发展部门副总裁伊斯迈尔·萨瓦格丁就宣称，下一场世界大战将因水资源而起；1999 年联合国《世界水资源综合评估报告》指出，水问题将严重制约 21 世纪全球经济与社会发展，并可能导致国家间冲突，探讨 21 世纪水资源的国家战略及相关科学问题，是世纪之交各国政府的重点议题之一；而极具影响力的英国杂志《经济学人》在 2000 年总结新千年的重要趋势时也警告说，水资源短缺将构成未来战争的导火线。

因此，如何设置相应制度以平衡国际河流开发利用中国家间利益的冲突、共同利益与各国利益的冲突、经济利益与生态利益的冲突、短期利益与长远利益的冲突，促进国际河流水资源的公平合理利用，已成为当今全世界面临的重要课题。

第二节　研究意义

按照 1978 年联合国《国际河流注册》的统计结果，全球有 214 条国际河流。此后，随着苏联和南斯拉夫等国家的解体，政治边界发生变化，一些国内河流也成为国际河流，全球国际河流的数目大量增加。截至 2006 年，国际河流的数量已增加至 263 条。从分布区域看，亚洲为 57 条，非洲为 59 条，欧洲为 69 条，北美洲为 40 条，南美洲为 38 条；从流经国家的数量来看，1 条国际河流（多瑙河）流经 10 个沿岸国家，5 条国际河流（刚果河、尼日尔河、尼罗河、莱茵河和

---

[1]　曾尊固，龙国英.尼罗河水资源与水冲突［J］.世界地理研究，2002（2）：101-106.

赞比西河）流经 9~11 个沿岸国家；从水量来看，国际河流水量约占全球河流径流总量的 60%，流域周围生活着全球约 40% 的人口。[1]国际河流蕴藏着丰富的资源。除淡水资源外，国际河流还蕴藏着丰富的生物、能源等资源。因此，国际河流不仅具有重要的经济价值，也具有重大的生态价值与战略价值，对流域各国的生产、生活等起着至关重要的作用。

随着全球性水危机的出现，各流域国在国际河流资源的开发、利用以及生态环境保护方面的矛盾也日益突出。如何做到既使国际河流资源得到公平、合理的利用，又使其生态环境得到有效保护，成为各流域国共同面临的国际问题。在现有的国际法律文件中，就国际河流资源开发、利用和生态环境保护问题确立了诸多原则，如公平合理地利用和参与原则、不引起严重损害原则、合作原则等。这些原则对国际河流资源开发、利用和生态环境保护起了重要作用，但不能解决流域各国之间生态利益平衡及补偿问题。

某些流域国尤其是上游国，为维护良好的流域生态环境，在本国境内植树造林、生态移民、放弃大坝建设等，这无疑会付出巨大的成本，也将丧失巨额的机会收益，如不对其进行补偿，势必会影响其保护流域生态环境的积极性，还会影响流域各国之间关系的良性发展。因此，本书认为在国际水法中确立国际河流生态补偿制度非常必要。针对国际河流生态补偿制度展开研究，具有重要的理论意义和实践意义。

从理论意义上说，首先，本书将深化国际河流生态补偿制度构建问题的理论研究。目前，学界虽然针对国际河流生态补偿制度构建的价值、主体、内容等问题有了初步研究，但是研究较为零散、表面，缺少更为深入、全面的分析。本书力求对国际河流生态补偿问题从理论依据、现实基础、构建路径、追求目标、秉承原则、具体内容

---

[1]　李志斐.跨国界河流问题与中国周边关系［J］.学术探索，2011（1）：27-33.

等方面进行整体和深入的研究，为学界今后相关问题的研究奠定基础并提供有益的参考，同时，为其他学科相关研究提供参考。国际河流水环境治理是一个复杂的系统工程，涉及国际国内法学、生态学、经济学、公共管理学等诸多学科的知识，本研究一方面离不开对国际法学等相关学科成果的吸收和借鉴；另一方面，也将为其他学科的研究提供参考，推动其他学科相关研究的发展。

从实践意义上说，国际河流生态补偿制度的构建是国际河流可持续利用的客观要求，是解决当前全球性水危机问题的制度保障。因此，本研究不仅将为流域各国订立相关条约、解决资源分享冲突提供有益参考，也将为我国国内跨区域河流的生态补偿实践提供借鉴。尤为重要的是，本研究将为我国在针对国际河流相关问题的国际谈判中取得主动权起到积极作用。我国作为境内大多数国际河流的上游国，在保护流域整体生态环境上承担了更多责任，理应得到相应的补偿。因此，本书将为捍卫我国在国际河流开发利用和保护上的主权和利益提供理论依据与方法参考。

第三节　国内外研究进展及分析

国外学界对国际河流相关问题的研究起步较早，研究面较广，提出了许多有价值的观点，研究内容主要集中于跨界水冲突的解决，水资源的分配、管理等领域。国内学界对跨界水污染防治相关问题的研究，始于二十世纪八九十年代。但当时涉足此领域的学者很少，著作和论文非常罕见，而且研究内容主要集中在跨界河流泥沙治理等自然科学方面，法学方面的成果仅查到著作 1 部（盛愉，周岗：《现代国际水法概论》，法律出版社 1987 年版）、论文 1 篇（盛愉：《现代国际水法的理论与实践》，《中国法学》1986 年第 2 期）。进入21 世纪后，研究跨界水相关问题的学者逐渐增多，研究范围也在不断拓宽，研究内容也多集中于国际河流的利用、管理、保护及治理、争端解决等方面。

一、国际河流的开发利用

由于国际河流具有跨界性，跨越了两个或两个以上国家的领土，同时，鉴于水资源对各国的农业生产、经济发展及人民生活具有极端重要性，因此，国际河流各流域国纷纷主张自身对国际河流的开发利用权，同时对其他国家的不当利用提出抗议。围绕开发利用问题，学界进行了较多研究。

传统的国际河流水资源开发及利用的理论主要为绝对领土主权论、绝对领土完整论及在先利用论等。

绝对领土主权论主张，国家作为主权者，对其统治领地享有绝对的控制权，反映在国际河流上，即流域国在利用其境内河段时不受任何限制，不用考虑对其他国家会造成何种影响；绝对领土完整论认为水流也是国家领土的组成部分，按此理论，上游国在本国境内进行国际河流水资源的开发利用行为，如建设水利工程等，只有在不影响下游国的水量、水质等水利益或得到其他流域国同意时才被允许；在先利用论是指在国际河流水资源问题发生争议时，要优先保护在先开发利用国的利益，而不论这些国家所处的流域地理位置。

绝对领土主权论和绝对领土完整论分别代表了上游国和下游国的利益。按照绝对领土主权论，下游国无权对上游国开发利用行为造成的不利，如水流的减少、水质的变坏等，提出异议，这一理论虽为某些国际河流的上游国广泛采用，用以论证本国行为的合理性，但这种将国家主权绝对化的理论却受到其他沿岸国尤其下游国的强烈反对。绝对领土完整论则要求一国在本国境内进行国际河流水资源的开发利用行为，如建设水利工程等，只有在不影响下游国的水量、水质等水利益或得到其他流域国同意时才被允许，代表了下游国利益的同时，却无视上游国为保全水流受到的损失，因此也难以获得上游国的支持。在先利用论给予了在先利用国以优先权，侧重于保障下游国或强国的利益，因为这些国家要么处于较好的地理位置，要么国力强盛，属于国际河流水资源的在先利用者，因此遭到国际河流水资源在后开发利用国的强烈反对。

绝对领土主权论、绝对领土完整论及在先利用论等理论的局限性、片面性导致其未能在实践中得以广泛运用，为平衡各流域国在国际河流开发利用上的矛盾，限制领土主权论得以产生并运用。限制领土主权论是指基于领土主权，各流域国对本国境内的国际河流有开发利用的权利，但此种权利的行使应受到必要的限制，即不能危害其他流域国的主权和利益。这一理论既肯定了各流域国的开发利用权，又强调了权利的限度，能在一定程度上平衡各流域国的利益，因此被国际社会广泛接受。自提出后，其不仅出现在国际水资源的宣言、决议及条约中，也广泛应用于一些国际国内法庭、仲裁庭的判决及裁决中。例如在著名的拉努湖仲裁案中，仲裁庭认为，上游国法国有义务在建设水力发电项目时不损害下游国西班牙的利益，但是下游国西班牙也无权要求法国的水利工程建设必须得到本国的同意，这一裁决就体现了领土主权及其限度。

但是，限制领土主权论也不是完美无缺的。从目前来看，它尚存在一些局限性。第一，它仅指出需要限制领土主权，但如何限制，限制的具体"限度"在哪里，并未明确指明，因此就容易致使不同国家基于自身利益进行不同解读。第二，此理论基于国家间开发利用的协调而诞生，未充分考虑到国际河流中的另一重大利益，即生态利益的维护。有鉴于此，共同利益论又应运而生。

共同利益论认为各流域国对国际河流享有共同利益，这个共同利益既包括经济利益，也包括生态利益。国际河流虽然跨越了两个或两个以上国家的领土范围，但是从生态系统上说却是一个整体，牵一发而动全身，因此，各流域国在共同分享国际河流水资源利益的同时，也要分担保护和改善流域生态环境的义务。从总体上说，共同利益论代表的是一种理想的国际河流利用与保护状态，但是一方面，何为共同利益对各流域国来说是一个比较虚空的概念，具有不可操作性；另一方面，各流域国对待国际河流除了具有共同利益外，也有不同的个别利益，因此当个别利益间、个别利益与共同利益间产生激烈冲突时，如没有较强的约束机制，就难以促使流域国为了共同利益放弃自己的个别利益。因此，目前还需要在现有理论的基础上进行补充，使其具有可操作性，更能有效指导各流域国的行为。[1]

二、国际河流的管理

由于国际河流跨越了不同国家，涉及国与国之间的不同利益，因此，对其进行管理相较于国内河流更为困难。历史实践证明，合作管理是理性而共赢的选择。[2] 近些年来，学界围绕合作管理的原则、模式、机构、趋势等进行了较为系统的研究。

在管理原则上，陈丽晖、曾尊固认为，应看到生态系统的整体性，注重从全流域的角度而不仅仅从单个流域国的角度来开发和管理国际河流，在资源开发和管理中兼顾各流域国的利益，体现公平合理性要求。[3] 黄锡生、叶轶认为，"跨国水资源管理的核心问题是'水质'的保障保全、'水量'的公平分配和全流域的'生态养护'"，"国际社会必须尽快解决跨界水资源管理中存在的弊端并围绕这些核心问题进行制度构建和原则设计，要坚持环境程序正义和实体正义相统一，全面贯彻睦邻友好的跨界水资源管理原则，妥善处理国际合作和国家

---

[1] 何艳梅.国际水资源利用和保护领域的法律理论与实践［M］.北京：法律出版社，2007：49-63.

[2] 朴键一、李志斐.水合作管理：澜沧江－湄公河区域关系构建新议题［J］.东南亚研究，2013（5）：27-35.

[3] 陈丽晖，曾尊固.国际河流整体开发和管理及两大理论依据［J］.长江流域资源与环境，2001（4）：309-315.

主权之间的关系"。[1]

在管理模式上，科利奥特、什米尔、沙米尔等认为，早期的国际河流管理合作趋向于单一目标、局部层面的合作，现今的管理合作多表现为包括经济社会目标、生态环境目标在内的多目标的合作、多流域国层面的合作，管理合作的力度在不断加强、管理合作的形式也更为丰富。[2]胡文俊等认为，流域国管理合作的模式可从合作主体、合作目标、合作途径等角度进行不同的分类，例如，按照合作途径可将国际河流管理合作模式划分为共同目标模式、共享信息模式、共同行动模式等。各流域国需要针对本流域的现实条件和特点，通过友好协商，选择适合本流域的管理合作模式。[3]何艳梅认为，流域开发应努力避免单方面或单目标的开发项目或行为，贯彻全局思路，创立流域一体化管理模式，制定和实施全流域一体化开发规划。[4]

在管理机构上，丁桂彬、毛春梅、吴蕴臻等认为，流域委员会在流域合理开发与保护中占据重要地位。各流域需要建立起完整的、具有权威性的流域委员会。通过流域委员会的组织与协调，实现全流域的整体开发与保护，协调流域国间的矛盾，促进全流域综合效益最大化，实现流域国共赢。[5]朴键一、李志斐认为，跨界水资源的管理参与者包括流域国政府、国际组织、国际投资者和非政府组织等，它们在管理中扮演着不同的角色。通过合作管理，实现信息的交流与共享、开发与保护行动的协作。[6]李培、张风春、张晓岚

［1］ 黄锡生，叶轶.论跨界水资源管理的核心问题和指导原则［J］.重庆大学学报（社会科学版），2011，17（2）：8-13.

［2］ Kliot N, Shmueli D, Shamir U. Institutions for management of transboundary water resources: Their nature, characteristics and shortcomings［J］. Water Policy, 2001（3）：229-255.

［3］ 胡文俊，简迎辉，杨建基，等.国际河流管理合作模式的分类及演进规律探讨［J］.自然资源学报，2013（12）：2034-2043.

［4］ 何艳梅.国际河流水资源公平和合理利用的模式与新发展：实证分析、比较与借鉴［J］.资源科学，2012（2）：229-241.

［5］ 丁桂彬，毛春梅，吴蕴臻.国内关于国际河流管理研究进展初探［J］.中国农村水利水电，2009（8）：55-58.

［6］ 朴键一，李志斐.水合作管理：澜沧江-湄公河区域关系构建新议题［J］.东南亚研究，2013（5）：27-35.

等通过研究国外跨界水环境管理合作成功案例，得出跨界水环境管理想要获得成功，需要设立强有力的协调机构的结论，他们认为，该协调机构要能实际影响各流域国的决策，同时也辅以有效的技术和科学支持机构，以确保协调机构决策的科学性、合理性。[1] 刘登伟、李戈等认为，流域委员会的职能将进一步增强，表现在其主体地位越来越明确，享有的职权增多，成员国数量增多，在解决争端中的作用越来越突出。[2]

在管理趋势上，刘登伟、李戈等认为，未来在国际河流的管理中，综合管理的趋势非常明显，除流域委员会的职能将进一步增强外，越来越多具有资金和技术能力的，能对各国决策有实际影响力的国际机构如世界银行、联合国环境规划署、联合国亚洲和太平洋经济社会委员会、亚太经合组织和亚洲银行等作为第三方逐步介入国际河流的开发、保护与管理等相关事务中。同时，国际河流管理的新技术和新方法将不断被应用，例如，国际互联网技术、3S（RS，GIS，GPS）技术、现代通信技术、信息分析和传输技术等现代技术为实现全流域的动态监测、流域管理的合理化和实时化、决策的科学化和民主化提供重要支撑，大幅度提高流域各国之间的信息交换和参与式管理的效率。

三、国际河流的保护及治理

国际河流流经或跨越了不同国家，这决定了各流域国不仅享有开发利用国际河流的权利，也有保护和改善流域生态环境的义务。同时，国际河流生态环境的日益恶化决定了这一任务不是某一个流域国能够独立完成的，需要各国间打破地域界限，进行合作治理。各流域国通

[1]　李培，张风春，张晓岚.跨界水环境管理借鉴国外合作机制［N/OL］.中国水利，（2012-10-11）［2022-10-11］.http://www.chinawater.com.cn/ztgz/xwzt/2012hhlt/2/201210/t20122017-248274.html.

[2]　刘登伟，李戈.国际河流开发和管理发展趋势［J］.水利发展研究，2010（5）：69-74.

过什么方式去合作保护和治理国际河流也成了学界研究的热点。

在国际河流的保护上，何大明、冯彦认为，按流域整体规划对国际水资源进行分配利用，既符合国际发展趋势，也有利于促进国际河流流域的可持续发展[1]；黄锡生、峥嵘认为，应确立跨界河流生态受益者补偿原则，以保障沿岸国能公平分享跨界河流的生态利益，合理分摊生态成本，促进跨界河流的可持续发展[2]；曾文革、许恩信认为，我国国际河流可持续开发利用存在立法缺失、保障措施缺位、管理机构缺乏等问题，因此要完善关于我国国际河流可持续开发利用的立法，积极参与国际河流可持续开发利用的国际合作[3]。

在合作开展的可能性上，马里特·布罗卡曼、保罗·亨塞尔指出"合作治理的动力在于合作利益大于维持现状的利益"[4]，作为主权国家，国际河流各流域国也有实现本国利益的需求，这使得各流域国有可能让渡部分主权，通过合作实现共同利益的获取[5]。

在治理主体上，传统观念认为治理主体为主权国家，由国家政府间围绕国际河流的开发利用与保护等问题进行多领域的合作。但是，近些年来，伴随着政府失灵和市场失灵的出现，一些新兴主体如社会组织、企业、公众等也加入治理的行列。学者们也对此展开了讨论。某些西方学者认为，不应过度高估政府管理资源的能力，也不应低估其他主体的能力，应按需将各种利益相关者纳入流域治理过程中。例如，政府可以和企业合作进行水电项目的开发、水坝的建设；不同国家的企业可以合作投资国际河流的生态保护、航运、旅游等。国内学界较认可这种模式，例如，黎桦林等肯定了多中心的治理模式，认为

[1]　何大明，冯彦.国际河流跨境水资源合理利用与协调管理［M］.北京：科学出版社，2006：69-72.

[2]　黄锡生，峥嵘.论跨界河流生态受益者补偿原则［J］.长江流域资源与环境，2012（11）：1402-1408.

[3]　曾文革，许恩信.论我国国际河流可持续开发利用的问题与法律对策［J］.长江流域资源与环境，2009（10）：926-930.

[4]　Brochmann M, Hensel P R. The effectiveness of negotiations over international river claims［J］. International Studies Quarterly，2011，55（3）：859-882.

[5]　李学.全球化背景下的国家间区域公共管理：起源、特点与实践模式［J］.东南学术，2005（2）：50-53.

流域治理需要各方针对跨界问题进行协调和应对。[1]从总体上说，各国学界大多认同国际河流多中心治理的思路，但多中心间如何协调、如何参与国际河流的治理尚在进一步研究中。

在治理方式上，外国学者侧重于从协作方面谈流域治理问题，如沃尔姆斯利、皮尔斯等认为，在国际水资源的管理上，协商方法是各国从认同走向国际合作的主要途径。[2]勒贝尔等认为国际河流的治理是在共同目标支持下，各流域国通过动态的、持续的、协调的管理活动，对国际河流进行协调的管理。[3]科雷亚、达·席尔瓦认为，从传统来看很多流域国都是通过签订双边或多边协议来解决水争端，因此在国际河流的治理上也适宜通过签订全球水协定的方式将河流治理的具体规划、管理、制度等事项加以固定。[4]国内学者则侧重于从微观层面即机制建设的层面谈国际河流的治理。例如，边永民、陈刚认为，应加强国际河流跨界环境影响评价机制的建设[5]；何大明认为应通过跨国河流水资源动态监测体系和信息共享平台的建设等建立国际河流水环境预警机制，来预防水环境的损害[6]。

总之，围绕国际河流治理的问题，学界在治理的主体上趋向于多主体、多中心的治理结构研究；在治理框架上，学界在通用的治理框架基础上，寻求个性治理模式；在合作治理的具体方法上，"协调""协商"方式仍然是研究的主要内容。此外，学界围绕法律制度、金融手段、技术支持等方面也逐步展开了研究。[7]

[1]　黎桦林.流域府际合作治理机制文献综述［J］.学理论，2013（30）：15-17.

[2]　Walmsley N，Pearce G. Towards sustainable water resources management：Bringing the Strategic Approach up-to-date［J］. Irrigation and Drainage System，2010（24）：191-203.

[3]　Lebel L，Nikitina E，Pahl-Wostl C，et al. Institutional fit and river basin governance：A new approach using multiple composite measures［J］. Ecology and Society，2013（1）：1-20.

[4]　Correia F N，da Silva J E. International framework for the management of transboundary water resources［J］.Water International，1999，24（2）：86-94.

[5]　边永民，陈刚.跨界环境影响评价：中国在国际河流利用中的义务［J］.外交评论（外交学院学报），2014（3）：17-29.

[6]　何大明.跨境生态安全与国际环境伦理［J］.科学，2007（3）：14-17.

[7]　胡兴球，张阳，郑爱翔.流域治理理论视角的国际河流合作开发研究：研究进展与评述［J］.河海大学学报（哲学社会科学版），2015（2）：59-64，91.

四、国际河流的争端解决

近几十年来，围绕国际河流，国与国之间的争端时常发生。争端产生的原因主要集中在以下几个方面：第一，一国的开发利用引发他国不满。一国对国际河流的开发利用如兴建水利工程或多或少会对其他流域国的水量等产生影响，引发他国的不满。第二，水量分配中的矛盾。从国家利益出发，各国都希望尽可能分配到更多的国际河流水资源，很难在水量分配额度上达成一致，水量分配上的矛盾从未停歇。第三，水污染引发争端。由于水资源的跨界流动性，发生在一国境内的国际河流水资源的严重污染如没有得以有效控制和处理也会致使同一国际河流的其他流域国受到污染。第四，国际河流的管理问题。国际河流流经或跨越两个及两个以上的国家，各国都有参与国际河流管理的权利。但由于各国的利益诉求存在差异，在国际河流的管理问题上也很难达成一致。总而言之，随着工农业生产的发展、人口的增长、民众对水资源的需求不断增加，而水资源分布不均、发生严重污染，使得供需矛盾愈加突出，各国对这块资源馅饼的争夺日益激烈，争端发生越来越多，频率也越来越高。这些争端往往又与领土、主权、民族、宗教等问题交织在一起，使得对抗加剧，解决争端更为复杂艰难。据《联合国世界水发展报告》，近 50 年有 1831 起案件与水资源相关，其中，507 起案件带有冲突性质，37 起带有暴力性质，有 21 起上升到军事冲突。[1]

关于水冲突产生的原因及可能性，学界从多方面进行了分析。例如，亚伦·沃尔夫认为，"水从来不是唯一的，也几乎从来都不是冲突的主要原因，但是它却能恶化现存的紧张局势，从中东到墨西哥，都是如此"，"在大部分国际水冲突中，中心问题是'公平'分配问题，但'公平'的标准却是含糊的，有时甚至是自相矛盾的，即使这样，

---

[1] 禄德安，闫昭宁.国际河流水资源争端对国际关系的影响［J］.成都大学学报（社会科学版），2018（6）：12-18.

在不稳定的水道上采用一种相对公平的水共享协议是维护水政治稳定的先决条件"[1]，"虽然国际河流是导致区域武装冲突的重要因素，但没有证据表明某些领土被占领的原因仅仅是水域所在，问题的解决办法在于建立资源共同管理机构而不是强调主权"[2]。

在争端解决的方式上，实践中多采用政治、经济及法律途径甚至战争等。对解决国际争端更适宜采用哪种方法，学界多推崇谈判、协商、斡旋、调停、调查与和解等和平的争端解决方式。例如，何大明、冯彦认为，解决冲突的途径一般可概括为如下三个方面：依据国际法或国际惯例签署协议，成立管理机构协商解决；进行流域整体综合开发和管理，将水资源和流域其他资源进行多目标权衡；应用新的理论或技术；寻求新的求解思路，在更广阔的范围内解决水纷争。[3]周晓明、黄雅屏、赵发顺等认为，我国国际河流争端的解决，应尽量通过谈判协商的政治模式或利益补偿等经济模式来解决，不完全排斥法律解决模式，要因事因河综合确定解决的方式。[4]

综上所述，目前国内外学界关于国际河流问题的研究主要集中于国际河流资源的管理、分配利用及冲突解决等领域，这些方面的研究成果较多。关于国际河流生态补偿，国外学界较少关注，国内学界围绕此问题虽有所著述，但也多为在论证国际河流保护问题时附带提出国际河流生态补偿这种方式。例如，王明远、郝少英在《中国国际河流法律政策探析》[发表于《中国地质大学学报》（社会科学版）2018年第1期]中提到，"结合在中国国际河流上游地区进行的生态环境建设对整个流域产生的有益影响，积极主动与

[1] Wolf A T. Criteria for equitable allocations: The heart of international water conflict [J]. Natural Resources Forum, 1999, 23（1）: 3–30.

[2] Wolf A T. Trends in transboundary water resources: Lessons for cooperative projects in the Middle East [M] //David B. Brooks, Ozay Mehmet. Water Balances in the Eastern Mediterranean. Ottawa: IDRC Press, 2000: 137–156.

[3] 何大明，冯彦.国际河流跨境水资源合理利用与协调管理 [M].北京：科学出版社，2006: 43–46.

[4] 周晓明，黄雅屏，赵发顺.我国国际河流水资源争端及解决机制 [J].边界与海洋研究，2017（6）: 62–71.

下游国家协商，通过签订双边或多边条约，围绕生态补偿主体、受益主体、补偿方式、补偿标准、负责机构等内容确立流域上下游生态补偿机制"。有关国际河流生态补偿的专门的、系统的、深层次的研究成果较少，目前能查到的期刊论文主要为：黄锡生、峥嵘2012年发表于《长江流域资源与环境》的《论跨界河流生态受益者补偿原则》、曾彩琳2015年发表于《新疆大学学报》（哲学·人文社会科学版）的《国际流域生态受益方补偿的困局与破解》等，学术专著尚未出版。

国际河流生态补偿方面的著述偏少，与国际河流生态补偿问题研究的重要性不相符合。特别地，我国作为大多数境内国际河流的上游国，为保护流域资源与环境，在国际河流上游无论是采取建立自然保护区以涵养国际河流水源的积极行为，还是放弃工业开发、大坝建设等自我限制行为，都将有利于国际河流资源的保育和环境的改善，应该获得来自下游受益国的生态补偿。因此，我国学界需要对此问题进行充分研究，为我国在水外交中争取正当利益提供理论支撑，为流域各国订立相关条约、协调资源分享冲突提供有益参考。

第四节 研究思路、方法及创新之处

一、研究思路

本书在界定国际河流生态补偿制度相关概念的基础上，全面阐析国际河流生态补偿制度构建的理论依据和现实基础，然后着重进行国际河流生态补偿的具体制度设计，最后对我国在国际河流生态补偿制度构建中应有的立场与对策做了初步的分析论证。总之，本书大致遵循"3W"研究思路，即"What-Why-How"的研究思路。

首先，本书介绍了国际河流生态补偿制度的研究背景、研究意义、研究现状等内容，全面分析了"国际河流""生态补偿""国际河流生态补偿"及"国际河流生态补偿制度"等相关概念的含义，以明确本书研究的是"何种"社会问题。这是本书研究的逻辑起点。

其次，本书就国际河流生态补偿制度构建的理论依据和现实基础进行了详细的分析论证。生态补偿虽然在国内外跨区域河流中普遍存在，但在跨国界河流中，由于涉及不同主权国的利益，还未被广大国家尤其是中下游国所接受。因此，对国际河流生态补偿的理论依据和现实基础进行研究，以解决"为什么"要构建国际河流生态补偿制度及构建的可行性问题，是非常有必要的。这是本书研究的理论基石，也是进行后续研究的前提条件。

再次，本书对国际河流生态补偿制度的具体构建进行了研究。这是本书研究的落脚点和最终目的，也是本书的价值所在。国际河流生态补偿制度研究的核心在于解决谁来补偿、如何补偿、补偿多少，最终如何落实等关键问题。这些问题的解决，需要综合运用生态学、环境科学、经济学、法学、社会学、管理学、国际关系学等诸多学科的知识。因而，解决"怎么"构建国际河流生态补偿制度的问题，既是本书研究的重点，也是难点。

最后，本书对我国在国际河流生态补偿制度构建问题上应有的立场与对策进行了分析论证。这是本书研究的另一目的。本书对国际河流生态补偿制度进行研究，除希冀通过制度构建助益国际河流的可持续利用，也谋求在国际谈判中为我国提供理论支持。

二、研究方法

研究方法是在研究中发现新事物、新现象，提出新理论、新观点，揭示事物内在规律的工具和手段。"工欲善其事，必先利其器"，想要对国际河流生态补偿制度进行系统研究，使研究成果建立在科学、严谨的基础之上，研究方法的选择至关重要。由于国际河流生态补偿制度的研究具有复杂性、多层面性的特点，本书综合采用了价值分析方法、实证分析方法、经济分析方法和系统分析方法等多种研究方法，运用法学、环境科学、资源学、经济学、管理学、政治学、社会学等多学科知识对其进行了较为深入的研究。

（一）价值分析方法

价值分析法是法学研究的基本方法。它是通过分析所研究的对象（事物或问题）的价值来说明研究对象的性质、特点、意义和作用等的方法。法学上所采用的价值分析法，主要包括运用价值准则进行价值判断等内容。[1]本书综合运用了价值分析法，对国际河流生态补偿制度构建的正当性、价值目标、作用及意义等进行系统的论证，以说明国际河流生态补偿制度构建的合理性与可行性。

（二）实证分析方法

实证研究方法是在价值中立（价值祛除）的条件下，以对经验事实的观察为基础来建立和检验知识性命题的各种方法的总称。[2]法律不是脱离社会现实的存在。因而，在法学研究中，实证研究是必不可少的方法。实证研究方法不是一个方法，而是一个方法群，它包含统计法、文献分析法、社会调查法、历史分析法、比较分析法等具体方法。

本书综合运用了文献分析法、历史分析法、比较分析法等实证分析方法。首先，本书较全面地收集了国内外近些年来有关国际河流生态补偿制度的研究成果，以求全面地了解国内外的研究现状。其次，本书对国际河流生态补偿制度构建的理论依据进行分析，以论证国际河流生态补偿制度构建的必要性和紧迫性。再次，对国际河流生态补

---

[1]　蔡守秋.调整论：对主流法理学的反思与补充［M］.北京：高等教育出版社，2003：903-904.

[2]　张文显.法理学［M］.北京：高等教育出版社，2007：31.

偿实践及国内跨区域河流生态补偿实践进行比较研究，剖析其优劣，从中找出国际河流生态补偿制度构建的可供借鉴之处，从而推动国际河流生态补偿制度的发展和完善。

（三）经济分析方法

流域在经济学中是一个典型的公共物品，国际河流生态补偿制度构建必然涉及经济学中的资源价值理论、外部性理论、公共物品理论等。因此，经济分析方法是国际河流生态补偿制度研究中的一个重要方法。

（四）系统分析法

国际河流生态补偿是一项复杂的系统工程，涉及补偿主体、补偿标准、补偿方式、补偿的组织实施等各个方面。同时，还需要综合运用法学、生态学、环境科学、经济学、社会学、管理学、国际关系学等诸多学科的知识。因此，要构建国际河流生态补偿制度，系统分析法的运用是极为重要的。

三、创新之处

本书的创新之处主要有：

第一，研究视角的创新。目前国内外学界针对国际河流开发利用与保护的研究成果较多，针对国内跨界河流生态补偿的研究成果也很丰硕，但是有关国际河流生态补偿的研究成果却很罕见。本书以"国际河流生态补偿制度"为研究对象，深入探讨国际河流生态补偿的依据，全面剖析国际河流生态补偿的障碍和实现路径，最终进行相应的制度建构。这无论是对国际河流问题研究，还是对生态补偿问题研究，都是一个崭新的视角。

第二，研究内容的创新。本研究有两大新颖之处：一是明确提出生态受益国对生态贡献国实施的保护和改善国际河流资源及环境的行为应进行成本分担和利益补偿，并就如何分担和补偿进行具体的制度设计；二是对我国在国际河流生态补偿制度构建上的立场与对策进行分析论证。由于我国境内国际河流众多，境内国际河流开发利用面临着复杂的国际国内形势，如何既解决内忧，又排除外患，实现我国利益，是我国必须慎重思考的问题。因此，本研究除希冀通过制度构建有益于国际河流的可持续利用外，也谋求在国际水博弈中为我国的行动提供理论支持和方法参考。

第三，研究方法的创新。由于本研究希望以更加全面、系统、整体性的视角去构建国际河流生态补偿制度，所以，在研究方法的选择上，除采取常用的实证分析方法外，还针对国际河流生态补偿自身特点综合运用价值分析方法、经济分析方法、系统分析方法等多种研究方法。

第二章　国际河流生态补偿制度的相关概念界定

概念界定是制度构建的逻辑起点，正如黑格尔所说，"按照形式的、非哲学的科学方法，首先一件事就是寻求和要求定义，这至少是为了要保持科学的外观的缘故"[1]。因此，要构建科学合理的国际河流生态补偿制度，首先须对"国际河流""生态补偿"及"国际河流生态补偿"等相关概念进行清晰的界定。

第一节　"国际河流"的界定

目前，在国际河流各领域的研究中，存在基础概念使用混乱、对国际河流的性质理解不一等问题，不利于对国际河流生态补偿制度进行深入研究。因此，有必要对国际河流的概念及性质进行厘定。

一、国际河流的概念

国际河流的概念是国际河流生态补偿制度研究中最基础性的问题。但是，对于这一基础问题，学界却有不同的认识。首先，在称呼上，对跨越或分隔不同国家的河流，存在国际河流、跨界河流、多国

---

[1]　黑格尔.法哲学原理:或自然法和国家学纲要[M].范扬，张企泰，译.北京:商务印书馆，2011: 2.

河流、跨界水资源、国际水资源、国际流域、国际水道、共享河流等多种表述。其次，在国际河流的范围界定上，学界也存在较大分歧。例如，奥本海认为，国际河流是尽管属于各有关国家的领土，但可由公海通航到达的河流[1]；盛愉、周岗认为，多国河流和界河通称为国际河流[2]；何大明、冯彦认为，国际河流有两种基本类型，即毗邻水道和连接水道路[3]；王铁崖认为，国际河流是不仅流经数国，而且可通航公海、向一切国家的商船开放的河流，其不同于虽通过两个以上国家领土，但禁止非沿岸国船舶航行的多国河流[4]；王志坚认为，国际河流单元由与国际河流干流相关的支流、湖泊、含水层、冰川、蓄水池和运河组成[5]；秦天宝、王金鹏以地理为标准将国际河流界定为"流经两国或两国以上的河流"[6]；王明远、郝少英认为，"国际河流是指涉及两个或两个以上国家的河流，既包括穿过两个或两个以上国家的跨国河流，也包括分隔两个国家而形成其边界的边界河流"[7]。

　　本书认为，学界之所以对国际河流概念有不同的界定，除了研究角度不同造成的认识差异外，很大程度上还在于学界没有对广义上的国际河流和狭义上的国际河流作细致区分，在理论和实践中都常将它们交错使用。为便于国际河流生态补偿制度的后续研究，本书将对国际河流的概念作进一步梳理。

[1] 詹宁斯，瓦茨.奥本海国际法：第一卷，第二分册 [M].王铁崖，等译.北京：中国大百科全书出版社，1998：9.

[2] 盛愉，周岗.现代国际水法概论 [M].北京：法律出版社，1987：20.

[3] 何大明，冯彦.国际河流跨境水资源合理利用与协调管理 [M].北京：科学出版社，2006：8.

[4] 王铁崖.国际法 [M].北京：法律出版社，1995：232.

[5] 王志坚.国际河流法研究 [M].北京：法律出版社，2012：1.

[6] 秦天宝，王金鹏.论国际河流水电资源开发所致的国际损害责任 [J].武汉大学学报（哲学社会科学版），2014（5）：106-111.

[7] 王明远，郝少英.中国国际河流法律政策探析 [J].中国地质大学学报（社会科学版），2018（1）：14-29.

（一）狭义上的国际河流

从狭义上说，国际河流仅指可通航的多国河流。根据所处位置和流经国家状况等因素的不同，河流可分为内河、界河、多国河流以及狭义上的国际河流。

内河是指从河源到河口全部流经一国领域内的河流。例如，黄河、长江是中国的内河。内河完全居于一国领土范围内，因此也完全处于该国主权管辖之下，非经其许可，任何外国船舶不得在内河上航行。

界河是指流经两国之间作为两国领土分界线的河流。例如，鸭绿江、图们江是中国和朝鲜的界河，黑龙江是中国和俄罗斯的界河，圣劳伦斯河是美国和加拿大的界河。界河具有国界的性质和地位，一般以河流的中心线或河流主航道的中心线作为分界线，按分界线划定沿岸国的管辖范围。沿岸国双方的船舶均可在界河上自由航行，河水的使用、捕鱼、河道的管理与维护等则一般由沿岸国间通过协议加以解决。界河一般不对非沿岸国开放。沿岸国虽然对属于自己的界河部分行使主权管辖，但由于河流的整体性，加之河流改道、洲滩变化等会造成边界变更，所以，各国对界河的开发、利用及保护仍涉及各沿岸国的利益，需共同协商，否则，将引发国际争端。

多国河流是指流经两个或两个以上国家的河流。例如，尼罗河是流经苏丹、埃塞俄比亚、埃及、肯尼亚、卢旺达等国的多国河流。多国河流流经的国家有上游国、中游国和下游国之分，各国对其境内的河段行使排他管辖权。同时，由于河流的整体性，对河水的使用、捕鱼、河道管理、环境保护等事项仍需各流域国签订条约加以解决。在航行上，多国河流一般只对沿岸国开放，禁止非沿岸国船只通行。多国河流各沿岸国由于所处的地理位置不同，经济发展水平不同，对河流的开发目标也存在差异。一般，上游国偏重水电开发和农业灌溉，中下游国偏重于航运、渔业等。

国际河流是指流经两个或两个以上国家的领土，与海洋相连，并按国际条约对一切国家商船开放的河流。例如，多瑙河是流经罗马尼亚、匈牙利、奥地利、德国、保加利亚、瑞士、意大利等国的国际河流。国际河流在地理特征上与多国河流类似，都流经两个或两个以上国家的领土；在河水使用、捕鱼、水利、河道维护、环境保护等方面，也与多国河流无异，须由各沿岸国签订协议加以解决。但是，在航行方面，多国河流只对沿岸国开放，国际河流则实行航行自由制度，允许一切商船无害通行。国际河流的自由航行制度起源于19世纪初随着各国经济贸易往来的日益增多，欧洲很多国家主张多国河流对外开放，允许商船自由通行，以促进国际贸易的发展。于是，一些公约达成了，公约涉及的多国河流实行自由通行制度。例如，1856年的《巴黎公约》、1868年的《曼海姆公约》分别使多瑙河、莱茵河成为自由通行的国际河流。进入20世纪后，新的国际公约的达成则使国际河流自由航行制度成为普遍性的规则。例如，1921年4月20日国际联盟巴塞罗那会议通过的《国际性可航水道制度公约及规约》第四条规定，"在实行自由航行时，各缔约国的国民、财产和船旗在各方面均享有完全平等的待遇。对沿岸各国，包括河段所在国的国民、财产和船旗不得有任何区别，对沿岸国和非沿岸国的国民、财产和船旗亦不得有任何区别"[1]，这表明，国际河流对非沿岸国的商船开放，商船航行时各缔约国国民在财产、人身权利等方面享有平等待遇。

（二）广义上的国际河流

从广义上说，国际河流泛指一切具有国际因素的河流，如界河、多国河流及狭义上的国际河流。时至今日，国际河流定义已经泛化，人们习惯上将流经或跨越国界的河流统称为国际河流，而不作细致区分。

本书研究的国际河流也是广义上的国际河流。原因在于：其一，

---

[1] 水利部国际经济技术合作交流中心.国际涉水条法选编[M].北京：社会科学文献出版社，2011：5.

尊重国际习惯，避免引起理解上的混乱。其二，本书的研究目标在于构建国际河流生态补偿制度。构建国际河流生态补偿制度的目的在于激励各流域国实施生态友好行为，保护流域生态环境，实现流域各国的可持续发展。因此，无论是多国河流、界河，还是狭义上的国际河流，只要存在法定的或约定的生态贡献，就应由受益国向贡献国给予相应补偿。如果仅在狭义的国际河流上实施生态补偿，则无法完全实现国际河流生态补偿制度建构的目的。

二、国际河流的法律性质

国际河流的性质包括自然属性和法律属性。要构建国际河流生态补偿制度，还必须厘清国际河流的性质。国际河流的性质尤其是法律性质的厘定是国际河流生态补偿制度建构的基础。

自然属性是国际河流客观存在的自然状态。从自然特性上说，国际河流具有跨界性和整体性。在地理上，国际河流分隔或跨越了两个或两个以上国家的国界，但在生态系统上，国际河流却无国界，是一个无法分割的天然整体，该整体中的任一要素发生变化都会对整个流域产生重大的影响。

法律属性则决定各流域国在国际河流的开发、利用及保护中享有何种权利和负有何种义务。关于国际河流的法律性质，一直存有争议。概括而言，主要有两种主张：一是认为是国际河流是一国的国内自然资源，因而按照国家主权原则，特别是自然资源永久主权原则，各国对处于本国管辖范围内的国际河流可以任意处置、使用，不必考虑对他国造成的影响；二是认为国际河流是流域各国的共享资源，应由流域各国进行公平、合理利用，各流域国在利用其境内国际河流部分时有义务确保不对其他流域国造成重大损害。本书赞同第二种主张，认为国际河流不仅具有共享性，而且其共享性具有独特的法律内涵。

（一）国际河流共享性的证成

国际河流具有整体性，无法分割，因而无论一国如何强调对其境内国际河流资源的永久主权，都难以否认它的共享性质。国际河流的共享不仅有历史渊源、现实基础，也有其理论与实践依据。

1. 国际河流共享的历史渊源

河流水资源为自然界天然产生，不是个人劳动所得，因而从源头上说其没有原始所有人，如空气、阳光一样不是任何人的私有财产。当水资源充足、不存在供需矛盾时，人们并不关心它的归属，而是把它当成"自由财产"，随意取用，互不干涉。但随着水资源日渐稀缺，各国因对水资源的利用产生不同程度的利益冲突，驱使各国对河流水资源的权属作出安排。

在国内法上，由于水资源具有很强的公共性，因而绝大多数国家都通过国内立法建立了国家公有制度，由社会全体成员共同且平等地使用。例如，日本《河川法》规定，"江河属国家产业，江河流水不得隶属于私人所有"；西班牙《民法典》规定，"公共所有的财产包括运河、河流、激流、海滩及未特许的矿产等"；阿根廷《民法典》规定，"国家所有的公产包括……江河、河床、顺天然水道奔流的其他水域等"。[1] 在国际法上，由于国际河流在自然特性上依附于不同国家的土地，这使它与不同国家的领土、主权紧密联系。国家主权的平等致使国际河流不能为任何一个国家单独拥有，因而一般依惯例由各国在本国境内对国际河流水资源进行使用、处置，流域各国在事实上共享国际河流水资源。一旦出现利用冲突，则通过主权国家间的条约来协调。自中世纪以来，有关国际河流利用和保护的条约被大量缔结。流域国缔结的条约中逐渐确立起国际河流的航行自由原则、公平合理利用原则、无害使用原则、国际合作原则等。因此，国际河流共享有着深厚的历史渊源。自从人类社会出现城邦

---

[1] 邱秋.中国自然资源国家所有权制度研究［M］.北京：科学出版社，2010：32-76.

和国家，自然河流有了人为的地理界限。自从自然河流被划分为国内河流和国际河流，国际河流就一直由流域各国进行事实上的共享。

2. 国际河流共享的现实基础

河流水资源具有自然流动性，国际河流的自然流动跨越了人为的国家边界，使国际河流与不同国家的主权联系在一起，这成为国际河流共享的现实基础。

一方面，流域国对流经其领土的国际河流河段享有主权。国家主权是国家处理其对内对外事务的最高权力，其中领土主权是国家在主权方面的重要内容和表现。国家领土包括领陆、领水和领空等组成部分。就领水中的河流来说，无论一国国内法是否基于需要规定了河流水资源等独立于土地，从国与国的角度来看，河流与一国的国土密切关系是无法回避的。国际河流依附于流域国的土地，与流域国的领土主权密切相关。因而，流域国对流经本国的那部分国际河流河段及水资源拥有主权，可以对其利用和处分。

另一方面，国际河流水资源的跨国界流动性使它与多个国家的主权相连。河流水资源与其他自然资源不同，它是一个动态的整体，其自然形态是无法割断的，任何国际河流都无法从地理上进行分割以归属各个国家使用，因而尽管流域国可对流经本国境内的那部分国际河流主张主权，但都无法忽视国际河流也与其他国家的主权相连的事实，也即在一个国际河流上存在多个国家主权，流域各国都有在自己的领土范围内使用流经本国的国际河流水资源的权利，所以最终国际河流水资源只能由流域各国共享。

3. 国际河流共享的理论依据

（1）生态整体论是国际河流共享的环境哲学依据

生态整体论来源于整体论。整体论认为"自然界的事物是由各部分或各种要素组成的，但各部分不是孤立的，而是一个有机整体的"[1]。整体论原为哲学领域的基础理论，但随着生态科学、生态伦理学、环境法学等的兴起和发展，整体论逐渐成为这些新学科发展的哲学基础，并在此基础上产生了生态整体论。生态整体论强调自然、人、社会之间关系的整体性、关联性和共生性，认为个体、物种、生态系统等之间是一种互利互惠、协同共生的关系。按照生态整体论，地球是一个大的生态整体，自然、人、社会等相互关联、共生共荣，其中又有很多独立的小生态整体，国际河流流域系统就是处于地球这个大生态系统中一个独立的生态整体。从外在形态看，国际河流是无法分割的天然共同体，在上下游、左右岸间，水都是相通的，无法将其按国界截然分开；从内在实质看，国际河流流域生态系统也具有流域整体性。每一条国际河流都是由流水及流域中的动物、植物、微生物和环境因素相互作用构成的生命系统。在这个生命系统里，各组分紧密相连，牵一发而动身，如一国过量利用水资源、污染水质，都会影响到流域内动植物、微生物等的生存，也会对流域内其他国家的水资源安全造成威胁。例如，1986 年位于瑞士巴塞尔市的一个化学品仓库发生火灾，大量硫、磷、汞等有毒物质流入莱茵河，给莱茵河流域造成严重的生态灾难，约 160 千米范围内多数鱼类死亡，约 480 千米范围内的井水受到污染而不能饮用，德国、法国、荷兰等下游国也深受其害。所以，从生态整体性的意义上说，国际河流是无法分割的，只能是流域各国共享。

（2）正义论是国际河流共享的法理学依据

正义是人类社会普遍认可的崇高价值，但对于何为正义，学者们有不同的理解和表述。罗尔斯认为，"正义的首要主题是社会的基本结构，或更准确地说，是社会主要制度分配基本权利和义务，决定由社会合作产生的利益之划分的方式"[2]；诺齐克认为，"如果一个人按获取和转让的正义原则，或者按矫正不正义的原则对其

---

[1] 胡文耕.整体论［M］.北京：中国大百科全书出版社，1995：703-704.
[2] 约翰·罗尔斯.正义论［M］.何怀宏，何包钢，廖申白，译.北京：中国社会科学出版社，2009：6.

持有是有权利的，那么，他的持有就是正义的。如果每个人的持有
都是正义的，那么持有的总体（分配）就是正义的"[1]。诺齐克的
正义论本是建立在批判罗尔斯分配正义论的基础之上，但它们都对
界定国际河流的法律性质极有启发意义。诺齐克的"持有正义"是
面向过去的，即通过衡量财产的来源、历史占有和转让程序的正当
性，从而决定当下占有的正当性。[2]国际河流水资源本为自然之物，
没有原始所有人，自人类出现城邦和国家之后才有了地理上的界限，
自此国际河流水资源一直是由流域各国行使事实的共享，所以，从
持有正义上讲，国际河流由流域各国共享具有正义性。罗尔斯的分
配正义是面向当下和未来的，要求对所有的社会基本价值——自由
和机会、收入和财富、自尊的基础都要平等地分配，除非对其中一
种或所有价值的一种不平等分配合乎每一个人的利益。[3]水是生命
之源，是任何人须臾不可或缺的物质。在国际河流水资源上，流域
各国人民不仅有着经济利益，而且还存在生存利益。[4]因而，对于
这种与个人基本生活密切相关的水资源，如果只允许某个或某些国
家所有，而不许其他流域国家使用，也不符合分配正义。所以，无
论从持有正义还是分配正义上说，国际河流水资源都应由流域国共
同拥有、公平分配。

（3）共同体理论是国际河流共享的政治学依据

共同体是基于某种共性因素的存在而结合成的联合体。早期共
同体往往指政治共同体，用来指代国家和其他政治实体，如亚里士多
德认为，"城邦的一般含义是指为了要维持自给生活而具有足够人
数的一个公民集团"[5]；西塞罗认为，"国家是人民的事务。人民

［1］ 罗伯特·诺齐克.无政府、国家和乌托邦［M］.姚大志，译.北京：中国社会科学出版社，
2008：184.

［2］ 李彩虹.国际水资源分配的伦理考量［J］.河海大学学报（哲学社会科学版），2008（3）：
101-106，116.

［3］ 张文显.当代西方方法哲学［M］.长春：吉林大学出版社，1987：255.

［4］ 黄锡生.经济法视野下的水权制度研究［D］.重庆：西南政法大学，2004：76.

［5］ 亚里士多德.政治学［M］.吴寿彭，译.北京：商务印书馆，1965：113.

不是偶然汇集一处的人群，而是为数众多的人依据公认的法律和共同的利益而聚合起来的共同体"[1]。之后人们在共同体前加上各种定语，以泛指各种基于不同目的结成的联合体，如经济共同体、学习共同体、职业共同体等。共同体的核心是共同利益，任何共同体在本质上都是利益共同体。国际河流流域各国也是一个利益共同体。流域各国在国际河流的共同利益不仅包括经济利益，还有生态利益。在经济利益上，由于水资源是人类生存的物质基础，是经济发展必不可少的宝贵资源，因此国际河流水资源水量的多少、水质的好坏对流域各国的经济发展和人民生活有着直接影响。在生态利益上，由于水资源是生态系统不可或缺的要素，对调节气候、稳定气温、维持生态平衡、净化环境等起到不可替代的作用，因而国际河流对流域各国都有重要的生态价值。[2]共同利益的存在要求流域各国共享国际河流，相互合作，对国际河流共同管理、保护，以实现对整个国际河流流域的最优利用。

4. 国际河流共享的实践依据

国际河流的共享性在国际实践中也得到了广泛认可。首先，一些有影响力的国际文件都先后直接或间接承认了国际河流的共享性，如 1966 年《赫尔辛基规则》第 4 条规定，"流域各国在其境内有权公平和合理地分享国际流域水资源利用的利益"；1975 年，联合国环境规划署列举了 5 种由两个或多个国家共享的环境和资源，其中包括了国际水系；1997 年通过、2014 年生效的《国际水道非航行使用法公约》第 5 条规定，"水道国应在各自领土内公平和合理地利用某一国际水道"。

其次，在司法实践中，一些国际判例如匈牙利诉捷克斯洛伐克单方面分流多瑙河水案等也附带肯定了国际河流水资源的共享性。多瑙河发源于德国西南部，最后注入黑海。它是欧洲第二长河，也

---

[1] 西塞罗.论共和国、论法律 [M].王焕生，译.北京：中国政法大学出版社，1997：39.
[2] 何艳梅.国际水资源利用和保护领域的法律理论与实践 [M].北京：法律出版社，2007：3.

是世界上干流流经国家最多的河流。1977 年匈牙利与捷克斯洛伐克签订协定，共同投资建设和运行"G-N 水电综合体"。匈牙利科学院及环境科学家们认为该工程将损害到奥地利、匈牙利和捷克斯洛伐克交界处的湿地、森林，并对此区域内的饮水造成影响，因此，先后向相关政府及部门提出抗议。在多方压力下，匈牙利政府最终于 1989 年 10 月 27 日决定放弃协定工程，并向捷克斯洛伐克政府递交了"于 1992 年 5 月 25 日终止 1977 协定"的照会。捷克斯洛伐克研究了各种替代解决方案，最终选择在捷克斯洛伐克境内实施多瑙河分流工程，单方面将近 2/3 的多瑙河河水截引入捷克斯洛伐克境内以维持其水电站发电。但是，该工程实施后，造成匈牙利与前捷克斯洛伐克的界河边境线产生变化、多瑙河天然河道水位大幅下降、湿地保护区水源干枯、珍稀物种的生存环境遭到破坏等众多环境问题，引起了匈牙利等国的强烈不满。在矛盾得不到协商解决的情况下，两国争端被提交给国际法院。1997 年，国际法院作出裁决，匈牙利需要承担违背两国间协定终止 1977 协定工程的责任，斯洛伐克也无权改变多瑙河自然水流状态，给多瑙河带来生态破坏。国际法院的裁决结果在实际上表达了国际河流是流域各国的共享资源，任何一国都有保证多瑙河自然水流不受影响、自然环境不受破坏的义务。[1]

　　再次，流域国共享国际河流水资源的条约、协议被大量订立。中世纪时就出现了关于界河和跨国河流方面的条约，条约中规定了共享水益的原则及对共有水道的管理规则。及至近代，沿岸国间关于通航、灌溉和捕鱼等方面的条约被大量缔结，条约主要保障沿岸国平等的航行权、灌溉权及对鱼源的合理分享，如 1868 年《曼海姆条约》规定莱茵河向一切沿岸国平等开放；瑞士在 1880 年和 1882 年分别与法国和意大利签订协定，制定了界河捕鱼的统一规则等。自 20 世纪开始，国际河流的经济功能越来越受到重视，沿岸国间纷

---

［1］　何艳梅.国际水资源利用和保护领域的法律理论与实践［M］.北京：法律出版社，2007：102.

纷签订水电开发方面的条约，如 1927 年西班牙和葡萄牙签订《特茹河条约》，强调该河的利用应以水力发电为主；1933 年美洲国家在蒙得维的亚通过的《关于国际河流的工农业利用宣言》中规定了在不损害同沿岸国的利益的前提下，沿岸国在其管辖下的河段拥有利用水力发电以发展工、农业的权利；1996 年印度和尼泊尔达成了《关于马哈卡利河联合开发的条约》，重申双方合作开发马哈卡利河水资源，促进和加强双方友好合作关系和亲密睦邻关系的决心，并对河水的分配与水利工程的建设作了相应安排[1]；2000 年吉尔吉斯共和国政府和哈萨克斯坦共和国政府在阿斯塔纳签订的《关于利用楚河和塔拉斯河国家间水利工程的协定》规定国家间水利工程的运行和技术服务应当在公平合理的基础上达到互利的目的。近二三十年以来，国际河流的综合管理、共同保护等问题也愈加受到国际社会的关注。例如，1992 年签订于基辅的《乌克兰政府和俄罗斯联邦政府关于共同利用和保护跨界水体的协定》要求，未经协商，缔约双方均不得采取可能对另一缔约国造成跨界影响的水利措施等；1995 年签订于泰国的《湄公河流域可持续发展合作协定》在"序言"中写道，湄公河流域及其有关的资源与环境是对沿岸国的经济、社会繁荣以及人民生活水平具有极大价值的自然财产，为促进沿岸国经济和社会的发展及繁荣，沿岸国决心继续以建设性的和互利性的方式对湄公河流域水资源及相关资源进行可持续的开发、利用、保护和管理方面的合作[2]；1999 年制定于波恩的《莱茵河保护公约》规定缔约方应在委员会管理下相互合作，通过防止、减少或消除点源、面源污染等方式实现莱茵河生态系统的可持续发展；2007 年 2 月哈萨克斯坦共和国和吉尔吉斯共和国签订的《伊犁河 – 巴尔喀什湖流域综合管理协定（草案）》规定，缔约方应以公平与合理的方式利用共享水系统，

［1］　盛愉，周岗.现代国际水法概论［M］.北京：法律出版社，1987：54-61.

［2］　水利部国际经济技术合作交流中心.国际涉水条约法选编［M］.北京：社会科学文献出版社，2011：647.

为实现协定目的，缔约方应设立一个伊犁河－巴尔喀什湖流域综合管理部级委员会等。以上内容充分说明了这些流域国认可国际河流为流域各国共享，并在事实上对其进行分享、利用。

（二）国际河流共享性的法律内涵

前文论证了国际河流的共享性，但谁可以共享国际河流、共享的核心是什么、共享者有何权利与义务，这些都为需要明确的重大问题。

1. 共享的主体

国际河流是流域各国的共享资源，因而流域各国可成为国际河流共享的主体。除流域国外，其他国家又可否分享国际河流水资源的利益？罗马法学家埃流斯·马尔西安在《法学阶梯》第 3 卷中提到："根据自然法，空气、流水、大海及海滨是一切人共有的物。"[1] 但是，如果河流之水属于一切人共有，这就意味着，甲国人完全可以去乙国的河流引水，同时，由于渔业资源是流水的孳息，甲国人也可以进入乙国捕鱼等。这是严重违背国家主权原则的，因为河流水资源虽是经过自然循环形成，但却无法跨越河床和河岸依赖于相应国家的领土这一事实。因而，马尔西安持有的"一切人共有的物"的概念并不为多数罗马法学家接受。[2] 国际河流不同于人类共同继承财产，难以成为"一切人共有的物"。人类共同继承财产是位于各国领土主权之外的自然资源，主要分布于海洋、南极洲和外层空间。对于人类共同继承财产，《联合国海洋法公约》《月球协定》等国际条约已规定"区域"及其资源属于全人类共有，对所有国家开放，专为和平目的的使用。国际河流虽具有"可通航性"，允许所有国家的船舶特别是商船无害航行，但它毕竟依附相应国家的领土，与国家主权密切相连，因而国际河流水资源的权益并不能对所有国家开放，

---

[1]　桑德罗·斯奇巴尼.民法大全选译·物与物权［M］.范怀俊，译.北京：中国政法大学出版社，1993：10.

[2]　徐国栋."一切人共有的物"概念的沉浮："英特纳雄耐尔"一定会实现［J］.法商研究，2006（6）：140-152.

只能是属于国际河流流域共同体的权利，应由流域各国按权利义务相一致的原则公平分享。

2. 共享的核心

国际河流水资源不同于民法中的物，其共享难以套用传统民法的所有权及共有理论。首先，所有权是所有人依法对自己财产所享有的占有、使用、收益和处分的权利，其具有绝对性、排他性、永续性等特征。如果流域国对国际河流具有所有权，那就意味着流域国可以通过各种方式阻止国际河流水资源流入大海，可以阻止其他国家的船只在国际河流上通行，这显然违背了水资源的自然属性，也严重违反了国际法。其次，按照传统的共有理论，共有是指某项财产由两个或两个以上的权利主体共同享有所有权，共有分为按份共有和共同共有。按份共有人从确立共有关系一开始就有确定的共有份额，各共有人按照各自份额分别对其共有财产享有权利和承担义务；共同共有人的权利及于共有物的全部，共有人在共有时不分各自的份额，但其共有物都有潜在份额并最终是可分割的。按份共有和共同共有的共有关系都可因共有物的分割而解散。如把国际河流共享看作民法中的共有关系，就会面临国际河流共有是共同共有还是按份共有，一国是否可以到同流域其他国家领土行使对国际河流水资源的权利，以及解除共有关系如何分割共有物的问题。事实上，首先，流域各国对国际河流水资源的份额难以确定；其次，由于国家领土主权的存在，一国不能去同流域其他国家领土行使其对国际河流水资源的权利；最后，由于河流水资源的自然属性，国际河流的共享关系也无法因分割份额而解除，除非一国或多国完全放弃其对国际河流水资源的权利，共有关系才有可能解除，否则只能由流域国整体占有。

所以，国际河流共享不同于传统民法中的"共有"，而是流域国基于主权及国际河流自然属性形成的特别"共有"，其核心在于"共同分享"和"共同保护"。一方面，流域国可以共享国际河流的水资源利益。国际河流共享侧重于分享，而不在于对国际河流行使绝对的所有权；另一方面，在享有"共同分享"权利的同时，流域各国也必须对国际河流承担"共同保护"的义务。

3. 共享者的权利义务

前段论及国际河流共享的核心为"共同分享"和"共同保护"，因而，国际河流共享者的权利和义务主要围绕共同分享和共同保护进行。首先，各流域国都有在其领土范围内利用国际河流水资源的权利。流域国可以根据本国情况对国际河流水资源进行各种合理利用，如灌溉、捕鱼、发电、航运等。其次，流域国在享有权利的同时也要承担相应的义务。第一，不得剥夺其他国家利用的权利，不对其他国家造成重大损害；第二，国际河流的"共享"侧重于分享，其并不具有所有权之归属上的意义，因此流域国不能把国际河流当成自己的私有财产，而是要尊重国际河流的自然状态。流域国不能阻止国际河流流入大海，上游国不能随意改变水流的自然流向，下游国不能故意淤堵河道。第三，流域国有义务共同保护和保全国际河流生态系统。流域国共用一个流域生态系统，因而都有义务对国际河流生态系统进行维护，以使国际河流流域得到最佳利用和充分保护。[1]

综上所述，本书所指的国际河流指一切具有国际因素的河流，不仅包括狭义上的国际河流，即与海洋相连，并按国际条约对一切国家商船开放的河流，也包括界河和多国河流。国际河流是流域各国的共享资源，各流域国有在本国境内开发利用国际河流资源的权利，与此同时，也有采用包括生态补偿在内的各种方法保护国际河流资源及环境的义务。

---

[1]　曾彩琳，黄锡生.国际河流共享性的法律诠释[J].中国地质大学学报(社会科学版)，2012(2)：29–33，138.

第二节 "生态补偿"的界定

一、生态补偿的概念

生态补偿，在国际上多被称为"生态或环境服务付费"（Payment for Ecosystem/Environmental Services），指环境服务消费者提供付费、环境服务供应者得到付费的行为。系统化的生态或环境服务付费研究兴起于 20 世纪 80 年代。伴随着环境污染、生态恶化、能源危机、人口爆炸等全球性问题的出现，生态补偿在当时迅速成为各领域研究的热点，生态学、经济学、法学等领域都对其展开研究，并取得了丰硕的成果。但是，时至今日，对于什么是生态补偿这个基本问题，仍未形成统一的认识。学者们从不同的研究角度出发，对其有不同的界定。

（一）生态学上的生态补偿

生态补偿源自生态学理论，最早专指自然生态补偿，即生物有机体、种群、群落或生态系统受到干扰时，所表现出来的缓和干扰、调节自身状态使生存得以维持的能力，或是生态负荷的还原能力。[1]

从生态学角度上说，任何生态系统都是由两部分组成，即生物部分（即生物群落）和非生物部分（即环境因素）。在生态系统内，各生物彼此之间、生物与非生物的环境因素之间相互作用，不断地进行物质、能量和信息的交换。由于生态系统是一个动态的开放系统，在交换过程中，生态系统经常会受到外来因素如森林砍伐、病虫害、洪水、污染等的干扰和破坏。由于生态系统具有两大方面的能力，即抗干扰能力和自我修复能力，它能自动排除一定限度的外来干扰，通过自我调节，保护自身的结构和功能不受损坏。例如，当少量污

---

[1] 《环境科学大辞典》编委会. 环境科学大辞典（修订版）. [Z]. 北京: 中国环境科学出版社，2008: 326.

染物质排放至河流时，河流生态系统能通过物理沉降、化学分解和微生物分解来消除污染，调节自身状态，最后使生态系统还原到接近污染前的状态。

但是，生态系统的抗干扰能力和自我修复能力是有限的。生态系统如同弹簧，在其能承受的压力限度内，解除压力，其能恢复到原有状态，但一旦压力超过其能承受的限度，它的自我调节功能就会受到损害，再也无法恢复原状，最终引起生态系统失衡。要保护生态系统，实现生态平衡，就必须控制人类社会对生态系统的干扰程度，使干扰不超过它的自我调节能力，或者促使人类采取积极的行动，进行生态投入，使破坏的生态系统逐步恢复或使生态系统向良性循环方向发展。为达到这样的目的，生态补偿不应仅局限于生态系统的自我补偿，而须更侧重对人类的生态友好行为进行补偿，以激励其实施保护生态系统的行为，在获得经济效益、社会效益的同时实现生态系统的稳定与平衡。因此，自20世纪90年代以来，生态补偿被引入经济学、法学等领域，成为这些领域研究的热点。

（二）经济学上的生态补偿

经济学是研究人类社会如何利用稀缺的资源生产有价值的商品，并将它们在不同的个体之间进行分配的学科。[1]经济学的两大核心思想为：物品是稀缺的；社会必须有效利用资源。因此，从经济学角度理解生态补偿，就是指通过经济手段对破坏环境资源的行为予以规制，对保护环境资源的行为予以鼓励，以克服主体相关行为的外部不经济性，最终达到有效利用资源及保护生态环境的目的。

具体如何运用经济手段保护生态环境，在不同时期，人们有不同的认知。在20世纪90年代前期，生态补偿多指对开发、利用生态环境资源的生产者和消费者征收相关费用，以用于补偿或恢复开发利用

---

[1]　保罗·萨缪尔森，威廉·诺德豪斯.经济学[M].萧琛，主译.北京：人民邮电出版社，2008：4.

过程中造成的自然生态环境破坏，使利用者及污染者经济活动的外部不经济内部化，从而提高资源利用率，有效保护生态环境，简言之为"利用者补偿，污染者付费"。在 20 世纪 90 年代中后期，生态补偿则更侧重于对生态保护者、建设者进行补偿，以激励其进行生态保护投资。因为随着经济的快速发展和人口的增长，很多区域的生态环境遭到严重破坏，资源也日益枯竭，为了保护生态系统，经济学意义上的生态补偿之内涵也发生变化，从单纯针对生态环境利用者、污染者的收费，拓展为对生态保护者的补偿，以鼓励其进行持续的生态投入，最终达到有效保护环境的目的。[1]

总而言之，经济学上的生态补偿就是通过制度设计让生态保护成果的"受益者"支付相应的费用，生态保护成果的"提供者"获得相应的报酬，以克服生态产品这一特殊的公共产品消费中的"搭便车"现象，解决好生态投资者的合理回报问题，以激励人们从事生态保护投资，并使生态资本增值。

（三）法学上的生态补偿

对于如何从法学角度理解生态补偿，学者们进行了许多积极有益的探索，产生了很多有代表性的观点。李爱年、彭丽娟认为，"生态补偿实为生态效益补偿，即为了保存和恢复生态系统的生态功能或生态价值，在一定的生态功能区，针对特定的生态环境服务功能所进行的补偿，包括对生态环境的恢复和综合治理的直接投入，以及该生态功能区区域内的居民由于生态环境保护政策丧失发展机会而给予的资金、技术、实物上的补偿、政策上的扶植"[2]。吕忠梅认为，生态补偿从狭义的角度理解就是指对由人类的社会经济活动给生态系统和自然资源造成的破坏及对环境造成的污染的补偿、恢复、综合治理等一系列活动的总称；广义的生态补偿则还应包括对因环境保护丧失发

[1] 龚高健.中国生态补偿若干问题研究［M］.北京：中国社会科学出版社，2011：17-18.
[2] 李爱年，彭丽娟.生态效益补偿机制及其立法思考［J］.时代法学，2005（3）：65-74.

展机会的区域内的居民进行的资金、技术、实物上的补偿、政策上的优惠，以及为增强环境保护意识，提高环境保护水平而进行的科研、教育费用的支出[1]。曹明德认为，"生态补偿包括以下两层含义：一是指在环境利用和自然资源开发过程中，国家通过对开发利用环境资源的行为进行收费以实现所有者的权益，或对保护环境资源的主体进行经济补偿，以达到促进保护环境和资源的目的；二是国家通过对环境污染者或自然资源利用者征收一定数量的费用，用于生态环境的恢复或者用于开发新技术以寻找替代性自然资源，从而实现对自然资源因开采而耗竭的补偿"[2]。杜群认为，生态补偿指国家或社会主体之间约定对损害资源环境的行为向资源环境开发利用主体进行收费或向保护资源环境的主体提供利益补偿性措施，并将所征收的费用或补偿性措施的惠益通过约定的某种形式转达到保护资源环境而自身利益受到损害的主体以达到保护资源的目的的过程[3]。史玉成认为，"生态补偿是针对特定主体之间因生态利益的相对增进或减损而进行的补偿，法学界应将调整生态利益与资源利益的经济措施加以区分，以调整资源利益为主要目标的资源税费、排污费等环境资源补偿措施不应纳入生态补偿的范围"[4]。

以上学者运用法律分析的方法从不同角度揭示了生态补偿的含义，对生态补偿各方的权利义务进行厘定，各有其合理性。

（四）本书对生态补偿概念的界定

综上所述，目前学界对生态补偿的概念并无统一的认识。首先，在名称上，存在多种不同称呼，如生态补偿、生态效益补偿、生态价值补偿、环境服务付费、生态受益者补偿等；其次，在概念界定上，

---

[1]　吕忠梅.超越与保守：可持续发展视野下的环境法创新［M］.北京：法律出版社，2003：355.
[2]　曹明德.森林资源生态效益补偿制度简论［J］.政法论坛，2005（1）：133-138.
[3]　杜群.生态补偿的法律关系及其发展现状和问题［J］.现代法学，2005（3）：186-191.
[4]　史玉成.生态补偿制度建设与立法供给：以生态利益保护与衡平为视角［J］.法学评论，2013（4）：115-123.

也未存在为国内外公认的定义。不同研究领域的学者在给生态补偿下定义时，有不同的侧重点。例如，生态学领域的学者大多侧重关注生态系统的平衡，强调通过人为干预修复生态系统，以维持生态系统的物质、能量、输入、输出的动态平衡。经济学领域的学者大多侧重关注生态补偿的具体手段，即运用经济手段激励人们维护和保育生态系统的服务功能，以实现外部成本内部化。法学领域的学者则侧重从公平、正义等角度出发，强调生态利益提供者有受偿的权利，生态利益获得者有补偿的义务。而且，即便同一研究领域的学者，由于研究视角的不同，对生态补偿也会有不同的认识。造成认识差异的原因主要在于研究领域、研究视角的不同，很难评价孰是孰非。

本书以"国际河流生态补偿制度"为研究的主题。在名称上，考虑到"生态补偿"的提法通俗易懂、简洁明了，而且已成为大众约定俗成的叫法，因此，本书仍采用"生态补偿"的提法。在概念界定上，由于本书研究的是"国际河流生态补偿制度"，因而，须从法学角度探讨生态补偿的含义。法乃善良正义之术，公平正义是法的价值。因此，本书认为，法学意义上的生态补偿，应着重从公平、正义、权利义务一致性的角度进行界定，即生态补偿是指在资源开发、利用和生态环境的保护中，开发、利用资源和获取生态利益的一方应对进行资源保育和环境保护的一方予以相应补偿，以维护生态安全、实现生态公平。其中，享受生态利益的一方是受益者，受益者是生态补偿的义务主体；从事资源保育、生态环境保护的一方是贡献者，贡献者是生态补偿的权利主体。当然，由于生态补偿是个综合性的命题，不仅需要从法学角度运用法律分析的方法来界定补偿各方的权利义务，还需要综合运用生态学、经济学等学科领域的知识来确定补偿义务主体是否获益、获益大小、如何补偿等重大问题。

二、生态补偿的内涵

内涵，是事物内在的、体现事物本质属性的东西。生态补偿，从文字结构看，是由"生态"和"补偿"构成，因此，本书认为，要理解生态补偿的内涵，一是要厘清"生态""补偿"的含义，二是要明确"生态"与"补偿"间的内在联系。

（一）生态

生态是指一切生物在一定自然环境下的生存状态，以及生物与生物之间、生物与环境之间环环相扣的关系。生态学是以生态为研究对象的科学。1866 年，德国生物学家恩斯特·海克尔（E. Haeckel）在其著作《普通生物形态学》一书中最早提出了生态学的概念，即"生态学是对生物有机体与其周围环境（包括生物环境和非生物环境）相互关系进行研究的科学"[1]。自海克尔之后，许多学者从不同角度对生态学的定义进一步阐释。特别是 20 世纪 50 年代以后，随着工业的发展和人口的暴增，城市化速度加快，各种环境污染、资源耗竭现象频频出现，生态学不再研究纯自然现象，而是结合人类活动对生态过程的影响，对"自然 – 经济 – 社会"复合系统进行研究。在一些新的生态学著作中，对生态学采用了新的定义。例如，美国生态学家奥德姆（E. P. Odum）在其著作《生态学基础》中，提出"生态学是研究生态系统的结构和功能的科学"[2]。自此，生态系统成为生态学研究中最为重要的内容之一，科学家们纷纷从不同角度对生态系统进行了分析研究。

从结构看，生态系统的结构包括生物部分和非生物部分。生物部分又包括生产者、消费者、分解者。生产者主要指绿色植物，它们利用根摄取土壤中的水分和矿物质，利用茎、叶吸收空气中的二

---

[1]　李博. 生态学 [M]. 北京：高等教育出版社，2000：3.
[2]　孔繁德. 生态学基础 [M]. 北京：中国环境科学出版社，2006：2.

氧化碳，通过光合作用将太阳能转变为化学能，将无机物合成为淀粉、蛋白质、脂肪和维生素等有机物贮存起来，不仅供自身生长发育需要，也为其他生物类群提供食物和能量。消费者是指各种动物，如牛、羊、马、狐狸、狼、狮、虎等，它们直接或间接靠生产者制造的有机物生活。直接以绿色植物为食的动物即草食性动物为一级消费者，以草食性动物为食的动物为二级消费者，以二级消费者为食的动物为三级消费者，依次类推。消费者虽然不是有机物的最初生产者，但消费者体内也有有机物再生产的过程。所以，消费者在生态系统的物质和能量转换过程中，也是一个重要的环节。分解者是指细菌、真菌等各种有分解能力的微生物。分解者以动植物残体和排泄物中的有机质为能量来源，同时将动植物的残体分解成简单的无机物归还于环境，重新供生产者利用。非生物部分是生态系统中生物赖以生存的物质、能量及其生活场所，表现为土壤、阳光、温度、空气、水分、矿物质等形态。[1]

从类型看，如果把地球上所有生存的生物和其周围环境条件看作一个整体，那么这个整体就称为生物圈。生物圈是地球上最大的生态系统。目前人类所生活的生物圈中有无数个大小不同的生态系统。一个复杂的大生态系统中又包含无数个小生态系统，如湖泊、森林、海洋、河流、城市、乡村都可以构成不同的生态系统。生物圈就是由无数个形形色色、丰富多彩的生态系统所构成。[2]

从特性看，生态系统最基本的特征是它的整体性和稳定性。"生态系统这个概念是一元论的，它将植物、动物、人类社会以及环境整合在一起，以这样的方式可以将它们之间的相互作用在一个单一的框架内加以分析。它主要强调一个完整或整体系统的功能，而不是将各组分割开来。"[3]在生态系统内部，生产者、消费者与分解者之间

---

［1］ 刘国涛.环境与资源保护法学［M］.北京：中国法制出版社，2004：30-31.

［2］ 汪劲.环境法学［M］.北京：北京大学出版社，2006：7.

［3］ E.马尔特比，等.生态系统管理：科学与社会问题［M］.康乐，等译.北京：科学出版社，2003：2.

在一定时期内保持一种平衡状态，即系统中能量流动与物质循环较长时间地保持稳定，这种状态即称为生态平衡。从生产者至消费者，至分解者，再至生产者，是一种互利共生关系，虽然它们之间也会存在竞争，如植物间争夺光、空间、水、土壤养分等；动物间争夺食物、栖居地等。这种竞争如果不对其进行不必要的干扰，其实是有利于物种进化、优胜劣汰的。如果外来因素的不合理干扰维持在一定限度内，生态系统也可以通过自身的调节使系统中的能量流动和物质循环恢复正常。但是，一旦外来因素的干扰超过这种"自我调节"能力时，生态平衡就会遭到破坏，生态系统的稳定性将被打破。例如，过度砍伐森林不仅导致森林质量下降，林中的动物难以生存，土壤中的微生物种类改变，还会影响森林生态系统的功能，造成地表裸露、水土流失、洪水灾害等后果。

从功能看，生态系统具有重要价值。生态系统的价值在于它能提供生态系统服务。生态系统服务指人类从生态系统获得的所有惠益，包括供给服务（如提供食物和水）、调节服务（如控制洪水和疾病）、文化服务（如精神、娱乐和文化收益）以及支持服务（如维持地球生命生存环境的养分循环）。生态系统服务功能是近些年学界研究的热点。1974 年，霍尔德伦和埃利希在《人口与全球环境》（*Human population and the global environment*）一文中提出"全球环境服务功能"[1]一词。之后又进一步提出"生态系统服务"，并对以下两个问题进行了讨论：一是生物多样性的丧失将如何影响生态系统服务功能，二是人类是否有可能用先进的技术替代自然生态系统的服务功能。随着这些文章的发表和引用，"生态系统服务功能"这一术语逐渐为人们所认知和普遍使用，尤其是 1997 年戴利主编的《自然的服务——社会对自然生态系统的依赖》的出版和科斯坦萨的文章《世界生态系统服务与自然资本的价值》的发表，更使得生态系统服务的价值评估

---

[1]　Holdren J P, Ehrlich P R. Human population and the global environment [J]. American Scientist, 1974, 62（3）: 282-292.

研究成为生态学和生态经济学研究的热点。在这些研究中，各学者就生态系统服务具有何种价值纷纷提出自己的观点。例如，戴利等人认为生态系统服务功能是指生态系统与生态过程所形成的、维持人类生存的自然环境条件及其效用。科斯坦萨将生态系统提供的商品和服务统称为生态系统功能，并进一步将生态系统服务的功能划分为气体调节、气候调节、对自然干扰的调解、水的调节、供水、土壤形成、土壤维护、营养循环、废弃物吸收、花粉传送、生物控制、避难处、食品生产、原材料、基因资源库、消遣和文化等17种。[1]目前，学界对生态系统服务具有多方面的重大价值的观点不存质疑，但由于研究历史较短，学界对如何评估生态服务的价值还未形成非常明确、统一的认识，有待进一步研究。

（二）补偿

补偿是指"抵消（损失、消耗），补足（欠缺、差额）等"[2]。要清晰理解补偿的含义，需要将其和相近词"赔偿""补贴""补助"等一一对比和分析。

1. 补偿和赔偿的区别

何为赔偿？根据《现代汉语词典》的解释，赔偿是因自己的行动使他人或集体受到损失而给予补偿。[3]从表面上看，"补偿"和"赔偿"似乎差异不大。其实，两者间存在本质区别。

补偿和赔偿的区别主要表现在以下方面。第一，两者的产生原因不同。赔偿是由违法行为引发的对加害方的一种惩罚。引发赔偿的原因行为是违法的、不正当的、应受谴责的，并应予避免的。补偿则是因合法行为对他人产生了损失，需对受损者弥补损失；或行为者的行

[1] 刘向华.生态系统服务功能价值评估方法研究：基于三江平原七星河湿地价值评估实证分析[M].北京：中国农业出版社，2009：10.
[2] 中国社会科学院语言研究所词典编辑室.现代汉语词典（第6版）[Z].北京：商务印书馆，2012：86.
[3] 中国社会科学院语言研究所词典编辑室.现代汉语词典（第6版）[Z].北京：商务印书馆，2012：859.

为使他人获益了，获益者对行为者付出的成本进行一定程度上的补足。引发补偿的原因行为是合法的、正当的、无可责难的。[1] 第二，构成要件不同。根据法律规定，损害赔偿的构成要件一般包括：行为的违法性、损害事实的存在、违法行为与损害结果之间有因果关系、行为人主观上有过错。只有具备法定的构成要件，受损方才可以主张损害赔偿。而补偿则是对因合法活动而引发的费用（成本）或者损失的一种弥补。补偿有法定补偿和合意补偿，只要符合法律规定或约定的条件，补偿就产生了，而不必如赔偿一样需具备以上构成要件。第三，范围不同。补偿一般以全部损失为限，不能要求可期待的利益。赔偿的范围比补偿更为宽泛，除实际损失外，还包括可期待的利益，甚至精神损失。第四，性质不同。赔偿是由违法行为所引起的，对加害者具有惩罚性；补偿则不是一种惩罚，而只是基于公平、合理等原则，对付出者、受损失者的投入或损失的一种弥补。第五，主体不同。赔偿的权利主体为受损害方，义务主体为致害方；补偿的权利主体为受损失方或贡献方，义务主体则比较宽泛，既可是受益方，又可是政府，甚至还可以是国际组织。例如，国家建立公共补偿制度，从财政中拨付资金以弥补某区域在生态环境保护上的付出；国际组织对某区域生态保护行为进行资金援助。第六，适用程序不同。赔偿的发生一般会有公权力介入。例如，当事人人身权、财产权等受到侵害后，可通过诉讼的方式主张权利，由司法机关确定相应的赔偿数额；补偿既可以由公权力介入来获得，也可以通过合意的方式获得。

2. 补偿和补贴的区别

按《现代汉语词典》的解释：补贴是指"（1）贴补（多指财政上的）；（2）贴补的费用"[2]。在实践中，补贴自 20 世纪 60 年代出现并盛行，多表现为政府或公共机构基于社会经济发展的需

[1] 高景芳，赵宗更. 行政补偿制度研究 [M]. 天津：天津大学出版社，2005：3.

[2] 中国社会科学院语言研究所词典编辑室. 现代汉语词典（第 6 版）[Z]. 北京：商务印书馆，2012：108.

要，通过现金、税收、贷款、技术等方式对相关产业提供的资助或支持措施。例如，为支持农业发展，各国政府对本国公民在农业科研、病虫害控制、培训、推广和咨询服务、检验服务、农产品市场促销服务、农业基础设施建设等方面的投入进行农业补贴；为保护环境和自然资源，各国政府对本国企业在治理环境、改善产品加工工艺的投入进行环境补贴或绿色补贴。补贴和补偿的区别主要表现为：第一，目的不同。补偿的目的在于弥补贡献者、受损失者的投入或损失，以实现公平正义；补贴虽客观上使受补贴者获有利益，但它的最终目的是公共利益，旨在促进产业发展、技术升级和经济繁荣等。第二，主体不同。在补贴中，补贴者是政府或公共机构，受补贴者为相关企业、产业或个人。在补偿中，补偿方不局限于政府或公共机构，也包括受益方。第三，性质不同。补贴是一种政府行为，是政府或公共机构为了公共利益对相关产业、相关企业或个人单方面的扶植行为；补偿更多地强调对受损失者所受损失的弥补或对贡献方提供利益的回报，是双方行为。补偿不仅存在于政府行为中，也存在于私人行为中。

3. 补偿与补助的区别

补助指从经济上帮助个人，常见于政府或集体向个人提供的各类资金方面的援助。例如，国家机关、企业事业单位的工作人员因家中发生生、老、病、死、灾害等原因导致生活出现困境时，单位可向其提供生活困难补助，以帮助其渡过难关；国家机关、企业事业单位的工作人员因工作出差，为了保证出差人员工作与生活的需要，单位可在交通、住宿、伙食等方面为其提供一定的出差补助。补助和补偿的区别表现在：补助是政府或集体出于救济、帮助目的所实施的一种单向行为，这种单向行为带有随意性、有限性、非强制性。例如，企业事业单位、国家机关等单位对生活困难的职工进行的补助大多采取临时补助的办法，由单位集体研究确定补助对象和数额。而补偿则是一种义务，一旦具备相应条件，义务方须向权利人承担补偿。

根据以上几个概念的比较分析可知：补偿不同于赔偿、补贴、补助，其具有鲜明的特征：第一，补偿不是一种惩罚，而只是基于公平合理等原则，对付出者、受损失者的投入或损失的一种弥补；第二，补偿是一种双方行为，不仅存在于政府行为中，也存在于私人行为中；第三，补偿是一种义务，一旦具备相应条件，义务方须向权利人承担补偿。

（三）生态与补偿的内在联系

生态与补偿间的内在联系是继生态与补偿的含义之后需要考虑的另一关键问题。生态补偿究竟是"生态的自我补偿"，还是"对生态的补偿"，抑或是"为生态的补偿"？

如前所述，从生态学角度而言，生态系统有一定的自我修复能力，它可通过物质、能量、信息的流动进行自我补偿。物质流是生态系统中物质运动和转化的动态过程，它表现为生物从大气圈、水圈、土壤岩石圈吸收水、氧等，经过若干级营养级后，又重新归还大气圈、水圈等。能量流是能量在区域生态系统的食物链和食物网内转变、转移与消耗的过程。生态系统中的能量遵循守恒定律，既不能被消灭，也不能凭空创造，它所输入的能量总量和生物有机体贮存、转换、释放的能量相等。信息流是各种信息在生态系统的组分之间和组分内部的交换和流动。信息传递是生态系统的基本功能之一，也是进行生态系统调控的基础。生态系统中的三大流，在没有遭到破坏的情况下，按照自控制、自调节和自发展的机制，使系统内部生物之间、生物与环境之间达到了互相适应、协调和统一的状态。[1]此时，生态补偿是"生态的自我补偿"，体现的关系主要为"自然－自然"的关系。

---

[1]　王宗廷.生态补偿的法律蕴含［J］.理论月刊，2005（6）：110-113，116.

但是随着人类活动对自然干预的加大，其行为超出了生态系统的自我调节限度，光靠"生态的自我补偿"难以保持生态的平衡，因此需要人为对生态进行补偿。例如，通过退耕还林、污染治理、天然林保护、濒危物种保护等方式对已经遭受破坏的生态和环境进行恢复与重建，对面临破坏威胁的生态环境进行保护，这时，生态补偿是"对生态的补偿"，生态是补偿的对象，体现的关系主要为"人 – 自然"的关系。

进入 21 世纪后，为了改善日益恶化的生态环境，生态补偿的含义拓展至对个人或区域保护生态环境或放弃发展机会的行为予以资金、技术、实物等补偿，以激励其进行生态保护投资，并实现社会公平正义。这种补偿是"对人的补偿"，是"为生态的补偿"，即为了达到更好地改善、保护生态环境的目的，对生态环境建设者、保护者或因生态环境建设而利益受损的人进行补偿。此时，人是补偿的对象，生态是补偿的目的。在此过程中，体现的关系主要为"人 – 人"的关系。

如上所述，在不同时期，生态与补偿的内在联系不一，是从"生态的自我补偿"，到"人对生态的补偿"，过渡到"人对人的补偿"。虽然有学者认为，"从广义上说，生态补偿应包括以下几方面主要内容：一是对生态系统本身保护（恢复）或破坏的成本进行补偿；二是通过经济手段将经济效益的外部性内部化；三是对个人或区域保护生态系统和环境的投入或放弃发展机会的损失的经济补偿；四是对具有重大生态价值的区域或对象进行保护性投入"[1]。但是，究其本质，本书认为，生态补偿的范围不宜过大，把因行为人实施生态系统损害行为或环境资源破坏行为而对其收取的费用也作为生态补偿费，显然失之偏颇。正如李集合、成铭所说："不管是采挖矿藏、地下水利用所形成的地裂、塌陷，还是排放废水、废气所形成的水域及大气污染，

---

[1] 王金南，万军，张惠远，等.中国生态补偿政策评估与框架初探 [M] // 王金南，庄国泰.生态补偿机制与政策设计.北京：中国环境科学出版社，2006：13.

都属于特定环境资源利用行为所引起的直接环境资源损害后果。其中致害行为确定、损害后果清楚、行为与后果之间因果联系紧密，完全符合环境损害赔偿民事责任构成要件。而且，损害赔偿作为一种既有的、获得普遍认可的环境民事责任形式理应发挥其应有作用。如果硬要把公认的环境损害赔偿民事责任称为生态补偿，显然与环境法的民事责任传统大相径庭，也很难获得社会的普遍认可。补偿和赔偿应并存，补偿不应包括赔偿。"[1]因此，本书仅认同对生态补偿作狭义理解的观点，即生态补偿是受益者对贡献者因其对生态的投入或失去可能的发展机会而进行的补偿。

综上所述，生态补偿的内涵可从以下几个方面加以理解。第一，从目的来说，生态补偿是为了恢复、维持和增强生态系统的生态功能的补偿，它以改善生态系统服务功能为目的。第二，从主体来说，生态补偿是调整相关利益者即贡献者与受益者的利益分配关系的补偿，因而权利方、义务方分别为贡献方和受益方。除此之外，生态补偿也包括为了公共利益政府的公共支付及国际组织的援助。第三，从性质来说，生态补偿不是赔偿、补贴、补助，而是对个人或区域保护生态环境的投入或放弃发展机会的损失产生的经济补偿。第四，从手段来说，生态补偿是以资金、技术、实物等方式来弥补个人或区域在生态环境保护上的付出。

总而言之，生态补偿是指通过制度等手段解决好生态投入者的合理回报问题，激励人们保护生态系统功能，从而为社会提供生态效益。在法律形式上，它是受益者对贡献者的补偿，但在实际意义上，是"为生态的补偿"，补偿过程实际就是对生态系统的恢复和重建过程。

---

[1] 李集合，成铭.生态补偿法律制度研究的理论误区及其修正 [J].法学杂志，2008（6）：59-62.

第三节 "国际河流生态补偿"的界定

一、国际河流生态补偿的概念

国际河流生态补偿，是指在国际河流资源的开发、利用和流域生态环境保护中，为保护流域生态环境，促进上下游国家的协调发展，开发、利用资源和获取生态利益的国家应当给进行国际河流资源保育和流域生态环境保护的国家以相应补偿。

在国际河流生态补偿法律关系中，从事国际河流资源保育、流域生态环境保护的国家是贡献国，因贡献国的生态保护行为获有利益的国家是受益国。贡献国是补偿的权利主体，受益国是补偿的义务主体。

由于国际河流的单向流动性，上游国在国际河流资源保育和流域生态环境保护中承担着更大的责任。因此，在绝大多数情形下，贡献国为上游国，受益国为下游国。要达到保护国际河流资源及生态环境的目的，上游国可能需要在本国境内采取植树造林、建立自然保护区、进行生态移民等积极措施，以保护国际河流资源、保育生态环境，也可能需要上游国放弃大坝建设，放弃新建或扩建工矿企业，减少林木采伐量等自我限制行为以避免下游河段水量减少、水质污染、水生态破坏等。上游国如实施这些行为无疑将花费巨额的成本，也会丧失预期的机会收益，受益国如不给予相应补偿，将导致上下游国在权利享有和义务承担上存在严重的不平等。这种不平等如果不通过适当方式予以矫正，势必会影响其保护国际河流资源和流域生态环境的积极性，既不利于国际河流资源合理利用和流域生态环境的有效保护，也不利于下游国家经济和社会的可持续发展，还会影响流域各国之间关系的良性发展。[1]

---

[1] 黄锡生，峥嵘.论跨界河流生态受益者补偿原则[J].长江流域资源与环境，2012（11）：1402-1408.

二、国际河流生态补偿的特征

厘清国际河流生态补偿的特征，需要将其与国内河流生态补偿和其他类型生态补偿作对比分析。

（一）国际河流生态补偿与国内河流生态补偿的比较

国际河流生态补偿与各国国内河流生态补偿虽同属流域生态补偿，但由于国际、国内河流跨越界限的不同，导致两者间存在根本的差异。国际河流跨越了国界，国内河流跨越了国内不同区域，因而国际河流生态补偿与各国国内河流生态补偿在补偿主体、补偿方式等方面都有不同。

第一，在补偿主体上，国内河流生态补偿的主体可以为一国政府、企业、个人等。国际河流生态补偿的权利主体和义务主体则都为国家。国际河流跨越了不同国家的国界，这使得生态补偿与国家主权密切相连。是否补偿、如何补偿首先取决于各国政府的协商结果，不大可能实现下游地区直接与上游进行水环境保护的各微观主体直接签约。当然，在受益国和贡献国就生态补偿问题达成协议后，还需要就生态补偿的具体事项在各国国内进行转化。例如，受益国需支付的补偿金，除政府财政提供外，还可能向国内相关受益主体如企业、个人筹措，贡献国则需要将获得的补偿金具体分配到国内作出生态贡献的主体身上。

第二，在补偿方式上，国内流域生态补偿主要有两种方式。一是法定方式，即国家通过法律、政策等方式设立生态补偿基金、建立财政转移支付制度等；二是协定方式，即由补偿权利方和义务方就补偿标准、补偿方式等协商确定。在国际河流生态补偿过程中，由于国家间无论国土大小、国力强弱、所居地理位置，都是平等的，因而无法强制要求相关方进行补偿，而只能由所涉国家在平等互利的基础上就补偿问题进行协商以达成协议。

（二）国际河流生态补偿与其他类型国际生态补偿的比较

除了国际河流生态补偿外，因全球森林和生物多样性保护、污染转移、温室气体排放等也会发生国际生态补偿问题。国际河流生态补偿与其他类型国际生态补偿之间既有相同点，也有不同点。它们之间的相同点主要表现为补偿主体多为主权国家。不同点则体现在多个方面，主要为：

第一，国际河流生态补偿的权利及义务方较为确定。由于河流的线性流动性，国际河流生态补偿的权利及义务主体比较确定，即大都为流域国。而且由于河流是单向流动的，补偿权利方主要为上游国，补偿义务方主要为下游国。因此，国际河流生态补偿的利益相关方较为确定，容易厘清权利方和义务方。但是，全球性环境问题引发的国际补偿则因利益相关方数量非常庞大，难以界定受益方和受损方。例如，温室气体排放具有全球性特征。在一国境内排放温室气体，危害由全人类共同承担，大家都是受损方。同样，在一国境内减少温室气体的排放，效应由全体人类共同分享，都是受益方。因此，某一国既可能是受益方，也可能成为受损方。例如，甲国大量排放温室气体，乙国减排温室气体，对丙国来说，它既是甲国排放温室气体的受损国，同时也是乙国减排温室气体的受益国。

第二，国际河流生态补偿的补偿标准较易确定。国际河流跨越国界，在确定同流域的不同国家的补偿额间存在难度，但是由于出水水量和出水水质是客观的，因而最终还是能够被实际测量的。但是，因全球性问题引发的生态补偿很难评估各国受益和受损程度。例如，因温室气体排放造成全球气候变暖，最终将引发何种损害、多大程度的损害很难预测，因而受损程度的评估相当困难。

通过对国际河流生态补偿与国内河流生态补偿及其他类型国际生态补偿的对比分析，本书认为，国际河流生态补偿的特征表现为：第一，补偿主体主要为主权国家，补偿权利方、义务方因河流的单向流动较易确定。第二，补偿的原因是贡献国提供了流域生态系统服务。贡献国提供的生态服务主要表现在净化水质、保持水土、涵养水源、防风固沙、调节气候、减少侵蚀与沉积、维护景观、保护生物多样性等方面。第三，国际河流生态补偿无法强制进行，能否实现在很大程度上取决于流域国间能否达成流域生态补偿协议并切实履行。

三、国际河流生态补偿与国际河流生态补偿制度的关系

在社会科学中，制度是一个被广泛使用的术语。对于什么是制度，却难以下一个精准的定义。学者们纷纷从不同角度对其进行阐析。例如，新制度学派创始人道格拉斯·诺思认为，"制度是一系列被制定出来的规则、守法秩序和行为道德、伦理规范，它旨在约束主体福利或效应最大化利益的个人行为"[1]；德国政治经济学家和社会学家马克斯·韦伯认为，"制度应是任何一定圈子里的行为准则"[2]；日本经济学家青木昌彦认为，"制度是关于博弈如何进行的共有信念的一个自我维系系统。制度的本质是对均衡博弈路径显著和固定特征的一种浓缩性表征，该表征被相关域几乎所有参与人所感知，认为是与他们策略决策相关的。这样，制度就以一种自我实施的方式制约着参与人的策略互动，并反过来又被他们在连续变化的环境下的实际决策不断再生产出来"[3]；美国经济学家约翰·罗杰斯·康芒斯在他的《制度经济学》一书中对制度进行定义，"如果我们要找出一种普遍的原则，适用于一切所谓属于'制度'的行为，我们可以把制度解释为集体行动控制个体行动"[4]。

［1］　道格拉斯·C.诺思.经济史中的结构与变迁［M］.陈郁，罗华平，等译.上海：上海三联书店，上海人民出版社，1994：226.
［2］　马克斯·韦伯.经济与社会（上卷）［M］.林荣远，译.北京：商务印书馆，1997：345.
［3］　青木昌彦.比较制度分析［M］.周黎安，译.上海：上海远东出版社，2001：28.
［4］　康芒斯.制度经济学（上册）［M］.于树生，译.北京：商务印书馆，1962：87.

如上所述，制度是一个非常宽泛的概念，从不同角度可以有不同的解释，难以对其下一个"放之四海皆准"的定义。但是，无论何种制度，都有一个共同的特性，即约束性。简言之，制度是规制人们思想和行为的尺度或标准。从类别上说，制度可分为经济制度、政治制度、文化制度、法律制度等。

法律制度是法律上确立的行为模式或行为准则，具有法的拘束力。从广义上说，法律制度是指一个国家法律规范的总称；从狭义上说，法律制度是指调整某一特定关系，规制某一特定行为的法律规范的总称。国际河流生态补偿制度作为法律制度，也是调整某一特定关系，规制某一特定行为的法律规范的总称。它通过一系列法律规范来调整受益国与贡献国间的生态补偿法律关系，规范贡献国的生态保护行为和受益国的补偿行为。

国际河流生态补偿和国际河流生态补偿制度虽都以国际河流生态系统的恢复和重建为目的，但它们也存在重大区别。国际河流生态补偿体现为一种状态、一种过程，甚至一种目的。而国际河流生态补偿制度则侧重于对国际河流生态补偿进行制度安排，以明确相关主体的权、责、利关系，形成约束和激励。简言之，国际河流生态补偿制度就是有关于国际河流生态补偿的制度安排。国际河流生态补偿制度大致具有以下功能。第一，指引功能。通过权利、义务的设定，为贡献国和受益国的行为提供一个模式，引导他们在国际河流生态补偿活动中作出正确的行为选择。第二，预测功能。通过具体的规定，相关流域国可以预先估计其他流域国将会怎样行为以及行为的后果，从而对自己的行为作出合理的安排。第三，强制功能。国际河流生态补偿制度的强制性表现在流域国如不履行应尽的义务，将承担相应的严重后果。第四，教育功能。一方面，通过对流域国履行义务的行为施加保护，对其他流域国起着示范与鼓励的作用。另一方面，通过对流域国违背义务的行为进行惩罚，对其他企图违背义务的流域国起到威慑和警示作用。第四，救济功能。通过一系列具体制度的设计，对受损方提供救济，保障国际河流生态补偿的进行。

此外，国际河流生态补偿制度与国际河流生态补偿机制也存在区别。"机制"原指机器的构造和工作原理，后被引申到社会科学的不同领域，泛指通过一定的运作方式，将事物的各个部分联系起来，使它们协调运行，发挥作用。国际河流生态补偿制度与国际河流生态补偿机制从表面上看是相似的，其实存在很大的区别。国际河流生态补偿制度是静态的、具象的、有形的，而国际河流生态补偿机制是动态的、抽象的、无形的。国际河流生态补偿制度可以通过各种强制的力量来建立和实施，而国际河流生态补偿机制则需要相对较长的时间逐渐形成，无法通过强制力量来建立。国际河流生态补偿制度的存在是国际河流生态补偿机制形成的前提，国际河流生态补偿制度的落实需要依靠恰当的国际河流生态补偿机制。

第三章　国际河流生态补偿制度构建的理论依据

任何制度的构建都不是凭空设想的，必须建立在坚实的理论基础之上。只有在科学和严密的理论指导下构建的制度，才能准确地反映自然和社会发展的客观规律，满足实践的需要。国际河流生态补偿制度的构建也离不开特定的理论体系作支撑。而且，国际河流生态补偿的复杂性，决定了国际河流生态补偿制度的构建必须建立在多学科的理论基础之上，唯此才能保障国际河流生态补偿制度设计和运行的科学性和有效性。[1]下文将对国际河流生态补偿制度的理论依据作较全面的研究，以探索其背后蕴藏的理论根源。

第一节　生态系统整体性理论

一、生态系统整体性理论的基本含义

生态系统是在一定空间内共同栖居的生物群落与其环境间不断进行物质循环和能量流动而形成的统一整体。生态系统的整体性主要表现在三个方面。一是生物群落间的整体性。生物群落间的整体性指生态群落的三大要素即动物、植物和微生物间是一种相互依存、互利共生的关系，通过植物→动物→微生物→植物这种食物链的层层传导来

---

[1]　黄锡生.水权制度研究［M］.北京：科学出版社，2005：44.

实现物质和能量的流动，构成生生不息的有机整体。生物群落中任何物种的增减或消失都会影响食物链的完整性，进而影响生物群落间的整体性。二是生物群落与环境间的整体性。生物群落生活在无机环境之中，环境的变化如遭受污染等会对生物群落产生影响。反之，生物群落的变化也会对环境产生或积极或消极的影响。三是社会系统、经济系统与生态系统间的整体性。生态系统是一个复合系统，它由社会、经济和自然三个系统组成，并且三个系统间具有互为因果的制约与互补的关系。[1]

由于生态系统具有整体性，因此生物之间、生物与环境之间、社会系统、经济系统与自然生态系统之间相互依存、相互制约，牵一发而动全身。一般情况下，生态系统能通过自身的调节达到一种稳定状况，包括结构上的稳定、功能上的稳定和能量输入输出上的稳定。

生态系统的调节包括负反馈调节和正反馈调节。负反馈调节是生态系统自我调节的基础，是生态系统中普遍存在的一种抑制性调节机制。它的作用是使生态系统保持相对稳定的状态。例如，在一个草原生态系统中，食草动物的迁入增加，将导致其天敌增加和可食植物减少，植物的减少反过来又将导致食草动物数量的减少。自然生态系统通过这种自我抵制的调节，从而实现生态平衡。正反馈调节则与负反馈调节相反。生态系统中某一组成部分发生变化，会引起其他一系列变化，这一系列变化反过来又会加速最初发生变化那一部分的变化。例如，向河流中排放大量污染物质，会导致河流严重污染，河水富营养化严重、鱼虾大量死亡，这种状况反过来又将加剧河流的污染程度，并引起更多的鱼虾死亡。正反馈常常是爆发性的，所经历的时间也很短，但是它往往具有极大的破坏作用，使生态系统远离平衡状态。正反馈机制的存在，提醒人们不能轻易地破坏生态

---

[1] 钱俊生，余谋昌.生态哲学[M].北京：中共中央党校出版社，2004：16.

系统的稳态。负反馈调节使系统保持稳定，正反馈使偏离加剧，因此，生态系统稳态的维持，主要是通过负反馈来调节实现的。从长远看，生态系统中的负反馈调节将起主要作用。由于生态系统具有这种负反馈调节机制，在通常情况下，生态系统能在一定程度上克服和消除外来的干扰，保持自身的稳定性，实现动态的平衡。但是，生态系统的这种自我调节功能有一定限度，当外来的干扰超过一定限度时，生态系统自我调节功能就会受到损害，从而引起生态失调，甚至导致生态危机发生。生态危机一旦出现，就很难在短期内恢复平衡。[1]

因此，为了维护生态平衡，使生态系统功能得以正常发挥，人类在开发利用资源与环境时，必须将自身的行为控制在资源与环境的生态阈值限度内，防止不良生态后果的产生。同时，对已经造成破坏的生态系统，则应按照自然规律，采取适当行动去恢复其合理的结构和功能，使其达到能够自我维持的状态。

二、生态系统整体性理论对构建国际河流生态补偿制度的要求

河流生态系统是河流生物群落与大气、河水及底质之间连续进行物质交换和能量传递所形成的结构、功能统一的水生态单元。河流生态系统具有整体性、动态性、稳定性等一般生态系统的共性。

从纵向看，河流生态系统是一个线性的连续体，即从源头至各级河流流域，最后至源尾的一个连续的、流动的、独特的、完整的系统。由于河水的单向流动性，上游的活动直接影响下游生态系统的结构和功能。例如，上游地区过量取水，有可能造成河流干涸和断流；筑坝有可能对鱼类和无脊椎动物的洄游与迁移造成障碍；过多排放污染物质，则易造成下游水质损坏。

---

[1] 李博.生态学［M］.北京：高等教育出版社，2000：206-207.

从横向看，河流与周围的溪流、河滩、湿地、死水区、河汊等形成了复杂的横向系统。河流与横向区域之间存在着能量流、物质流等多种联系，共同构成了小范围的生态系统。例如，河岸的植物起着调节水温、光线、渗漏、侵蚀，输送营养物质，以及维持水生生物食物链的作用，对河流生物生存具有重要意义。如果在沿河两岸筑起堤防，虽有利于两岸的防洪，但也阻隔了生态系统的横向联系，导致水中营养物质被限制在堤防以内，无法进入岸边地带，不能给岸边地带的动植物种提供营养，最终有可能导致河流周围区域的生态功能退化。[1]

从垂向看，河流与下层土壤及地下水等形成垂向系统，河川径流量、水文要素等在一定程度上要受到河底土壤及地下水状况的影响。因此，恢复河流生态的举措不仅包括纵向及横向系统的整治，也包括对河底底泥的治理，以及河流补给的地下水水位恢复等垂向的生态治理。[2]

国际河流生态系统则因为国际河流的跨国界性更为复杂。一方面，国际河流分隔或跨越了不同国家，这使国际河流与上下游及左右岸国家的主权联系在一起，流域国对流经本国的那部分国际河流河段拥有主权，可以利用和处分。为实现其生存权和发展权，流域国有权在流经本国境内的国际河流上建设大坝、提取水资源，甚至排放污染物质。另一方面，从生态系统的整体性来说，国际河流流域不是一个单纯的水环境区域，而是一个以水为纽带，由上、中、下游组成的相互联系、相互制约的复合生态系统。[3] 在国际河流流域系统内，水流及流域中的动物、植物、微生物、环境因素等组分紧密相连，牵一发而动全身。

因此，要维护国际河流流域生态系统，实现生态平衡，就必须约束流域国的过度开发利用行为，同时激励其采取相应的生态保护和改

[1] 刘广纯，王英刚，苏宝玲，等.河流水质生物监测理论与实践 [M].沈阳：东北大学出版社，2008：5-6.

[2] 杨文慧.河流健康的理论构架与诊断体系的研究 [D].南京：河海大学，2007：10.

[3] 杨桂山，于秀波，李恒鹏，等.流域综合管理导论 [M].北京：科学出版社，2004：3.

善行动。流域国的保护行为如建立自然保护区、进行生态移民等行为将花费较大成本，流域国的自我约束行为如放弃大坝建设或进行产业转移也会丧失巨额收益，对因这些行为花费的成本和丧失的利益，受益国应给予相应补偿。否则，难以激发流域国保护国际河流资源和生态环境的积极性，最终不利于国际河流流域生态系统的维护。

第二节 外部性理论

一、外部性理论的基本含义

外部性为经济学术语，是由英国著名经济学家马歇尔和庇古在 20 世纪初首先提出的。外部性概指某一主体的行动所产生的溢出效应或外部影响。外部性分为正外部性和负外部性。某一主体对其他主体强加了成本则产生负外部性；某一主体对其他主体赋予了利益，则产生了正外部性。

马歇尔在其巨著《经济学原理》中首次提出了"外部经济"的概念。在《经济学原理》一书中，他写道，"我们可以把因任何一种货物的生产规模之扩大而发生的经济分为两类：第一是有赖于这工业的一般发达的经济；第二是有赖于从事这工业的个别企业的资源、组织和效率的经济。我们可称前者为外部经济，后者为内部经济"，"总生产量的增加，常会增加它所获得的外部经济，因而使它能花费在比例上较以前为少的劳动和代价来制造货物"。[1]

马歇尔的学生庇古继承和发扬了马歇尔的"外部经济"理论。在其代表作《福利经济学》一书中，庇古首次用现代经济学的方法从福利经济学的角度系统地对外部性问题作了进一步分析。庇古提出，

---

[1] 马歇尔.马歇尔文集：经济学原理（上）[M].朱志泰，译.北京：商务印书馆，2019：371-374.

"社会净边际产品，是任何用途或地方的资源边际增量带来的有形物品或客观服务的净产品总和，而不管这种产品的每一部分被谁获得……私人净边际产品，是任何用途或地方的资源边际增量带来的有形物品或客观服务的净产品总和中的这样一部分，该部分首先——即在出售以前——由资源的投资人所获得。这有时等于，有时大于，有时小于社会净边际产品"[1]，"针对因私人净边际产品与社会净边际产品的背离造成的福利损失，如果国家愿意，它可以通过'特别鼓励'或'特别限制'某一领域的投资，来消除该领域内这种背离。这种鼓励或限制可以采取的最明显形式，就是给予奖励金和征税。如果私人净边际产品大于社会净边际产品（即存在外部不经济或负外部性），国家可以采取征税的方式（即所谓的庇古税）。如果私人净边际产品小于社会净边际产品（即存在外部经济性或正外部性），则可以给予奖励金（即庇古补贴）"[2]。通过这种征税和补贴，就可以实现外部效应的内部化。

二、外部性理论对构建国际河流生态补偿制度的借鉴

在国际河流资源开发利用及保护过程中，也会产生正、负外部性的问题。具体表现为：一方面，流域国为了本国利益，力图扩大本国的生产规模，从而导致用水量或向河流排放污水量增加，一国用水量增多，就会导致他国用水量的减少；一国因生产需要向河流排放污染物越多，河流污染就越严重，就会导致其他流域国受到不利影响，产生负外部性问题。另一方面，流域国尤其是上游国，通过植树造林、涵养水源、建立自然保护区等积极行动，或通过减少大坝建设，减少林木采伐，放弃新建、扩建工矿企业等自我约束行动，以保护国际河

[1] A.C.庇古.福利经济学（上卷）[M].朱泱，张胜纪，吴良健，译.北京：商务印书馆，2006：146-147.
[2] A.C.庇古.福利经济学（上卷）[M].朱泱，张胜纪，吴良健，译.北京：商务印书馆，2006：206-207.

流水资源及生态环境，这些举动对其他流域国将产生外部经济性即正外部性问题。

如何使这种外部性内部化，以实现国际河流水资源的合理开发与利用，是环境科学、经济学、政治学、法学等领域都关注的热点问题。对于负外部性问题，《国际河流利用规则》《国际水道非航行使用法公约》等国际惯例、公约等都明确规定了流域国对国际河流不能造成严重污染，否则要承担赔偿责任。通过这些规定以促使流域国进行自我约束，减少对国际河流的污染与破坏。对正外部性问题，目前国际惯例、公约、条约等尚未作出明确规定。但在实践中，这一问题又无法忽视。某些流域国通过积极的流域生态保护行动或自我约束行动，付出了一定成本，产生一定正外部性。对此正外部性，如不给予相应补偿，致使贡献国付出的成本与最终收益相背离，那么势必将影响贡献国的积极性，也难以激励其持续地进行国际河流生态投入行为，最终也将妨碍正外部性的正常产出，不利于国际河流的保护和可持续利用。因此，必须建立相应的国际河流生态补偿制度，对流域国各种产生正外部性的行为进行合理补偿，激励其为国际河流生态环境的改善投入更多的成本，以实现利益的均衡和生态环境的有效保护。

第三节 公共物品理论

一、公共物品理论的基本含义

公共物品是经济学中的一个重要概念。什么是公共物品，早在1739 年英国著名哲学家休谟在其著作《人性论》中就提到，公共产品是指那些不会对任何人产生冲突的利益，但对整个社会来讲则是必不可少的物品。之后，其他学者如亚当·斯密和约翰·穆勒也从不同视角提出了公共物品的范围、生产提供方式等方面的思想。经济学界公认的关于公共物品的经典定义则是美国经济学家保罗·萨缪尔森首次提出来的。他在 1954 年发表的《公共支出的纯理论》一文中提出，"公共物品就是在使用和消费上不具有排他性的物品"[1]。根据这一定义，他将物品划分为集体消费品和私人消费品。集体消费品是每个人对这种产品的消费，都不会减少其他人对它的消费的物品。在此基础上，经济学家们概括了公共物品的两个基本特征：第一，消费的非竞争性。消费者对某一产品的消费并不排斥另一消费者同时对它的消费，而且，一个人对该公共物品的消费不会导致其他人对该公共物品消费的数量和质量减少与降低，增加消费者的边际成本为零。第二，受益的非排他性。某物品的消费要排除其他人是不可能的。一旦公共产品进入消费过程，任何主体都可以自由地消费，不需要经过其他主体的许可。公共物品的消费者可共同受益。

与公共物品相对应的就是私人物品，即物品同时具有消费的竞争性和排他性。消费的竞争性使得纯私人物品不能被两个或更多的消费者同时占有或使用，而消费的排他性使其从技术上或代价上很容易将其他消费者排除出去。

近几十年，学者围绕公共物品问题进行了深入分析，并根据现实指出有大量的物品是存在于两者之间的，既不能归于纯公共物品也不能归于纯私人物品，经济学上一般统称为准公共物品。从广义上说，公共物品就包括了纯公共物品和准公共物品。

公共物品使用过程中容易产生两大问题，即"公地的悲剧"和"搭便车"问题。"公地悲剧"理论模型是 1968 年著名生态经济学家加勒特·哈丁教授在《公地的悲剧》一文中首先提出。他认为，作为一项资源或财产，公地有许多拥有者，他们中的每一个都有使用权，且没有权利阻止其他人使用。每个人从自身利益最大化出发，都会

---

[1]　Paul A. Samuelson. The pure theory of public expenditure [J]. The Review of Economics and Statistics, 1954, 36（4）：387-389.

选择尽可能多地利用资源，最终导致资源因过度利用而枯竭。公共物品如同公地，如没有有效的制度约束，它的非竞争性将导致其极易被过度利用。搭便车理论首先是由美国经济学家曼柯·奥尔逊于1965年出版的《集体行动的逻辑：公共利益和团体理论》一书中提出的。他认为，公共物品消费的非排他性，容易产生"搭便车"现象，即不为公共物品作贡献的人也可获得公共物品，搭便车的存在意味着贡献者的付出得不到相应的回报，不符合成本与收益相一致原则，难以激励对公共物品进行维护，最终导致无便车可搭。

二、公共物品理论对构建国际河流生态补偿制度的启示

国际河流资源属于广义的公共物品的范畴，它是流域各国的共有资源，和既具有非排他性又具有非竞争性的纯公共物品不同，国际河流一方面具有公共资源的非排他性，流域各国都可以对其开发、利用，并从中获益，而另一方面随着水资源的日渐稀缺，它又具有纯公共物品不具备的竞用性，一国利用的增多将导致他国同等利用的减少。假如每个流域国都从一己私利出发，奉行传统国际法上的"绝对主权主义"原则，为了本国利益尽可能多地占用国际河流水资源，按本国需要对国际河流进行各种开发、利用，而且，在国际河流生态保护上，各流域国从自身短期利益出发，产生搭便车的心理，希望别的国家承担更多，等待别的国家去治理污染、保护水生态，奉行"你不付成本而获益，我付成本岂不吃亏了，于是我也不付"[1]的态度，最后的结果就是"公地悲剧"产生，流域水资源量少于生态环境需水量甚至完全枯竭，或严重污染导致水体功能丧失，最终各国都无法利用。

因此，应建立国际河流生态补偿制度，通过具体的制度安排让提供生态服务的贡献国从受益国处获得适宜的补偿，以平衡生态系统

---

[1] 王凤珍.人类理性的重建：环境危机的哲学反思[M].北京：高等教育出版社，2004：90.

服务功能的提供者与受益者之间的利益关系，从而激励贡献国继续进行改善流域生态环境的行为，并最大限度地减少受益国的"搭便车"现象，最终有效防止"公地悲剧"的发生。

第四节　环境资源价值理论

一、环境资源价值理论的基本含义

价值论是经济学研究的核心问题。环境资源是否有价值，不同的价值理论对其有不同的阐释。

劳动价值论认为，价值是由劳动创造的，价值量的大小由社会必要劳动时间决定。运用劳动价值论来考察环境资源是否有价值，关键在于环境资源是否凝结了人类的劳动。目前，在这一点上存在不同的看法。一种观点认为，环境资源是自然界赋予的产物，不是人类劳动创造的产品，因而没有价值；另一种观点则认为，环境资源本身虽是自然界天然产出的，但是要使它为人类所用，并维持它的可持续性，需要投入大量的人力物力，付出相应的人类劳动。对它的开发利用及保护都凝结了人类劳动，因而，它是有价值的。这两种观点都难以说明环境资源价值问题。前者认为环境资源是大自然的恩赐，不是劳动产品，因而其不具有价值，可以任意使用。这种价值观导致对环境与资源的掠夺性开发。后者尽管认为环境与资源具有价值，但其价值只表现为再生产过程中所耗费的劳动，而不认为其自身是具有价值的。因此，单纯运用马克思的劳动价值论解释水资源等自然资源的价值具有一定困难。

效用价值论认为，一个物品是否有价值，取决于其是否能满足人的需要。物品具有效用是决定和衡量其价值的基础。运用效用价值论很容易得出环境资源具有价值的结论。从内在看，环境资源具有使用价值，是人类生产和生活所不可缺少的物质基础。从外在看，它具有稀缺性，而且随着经济的发展及人口的不断增长，这种稀缺性将越来越突出。生态资源在空间上分布的不均衡，又加剧了这种稀缺性。环境资源的效用性和稀缺性决定了它具有很高的价值。但是，效用价值论也存在缺陷，例如，它存在着效用本身难以确定，效用论的价值观无法解决长远或代际资源利用等问题。

供求决定论认为，价值与物品本身无关，而是由供求关系决定的。供不应求，价值就高；供过于求，价值就低。依供求决定论，环境资源是有价值的。因为，目前随着环境污染、生态破坏、资源耗竭等问题的日益加剧，资源也日渐稀缺，呈供不应求之势。然而，供求决定论是以交换为出发点，不能交换的物品难以衡量其价值。因而，应用供求决定论来解释和估量环境资源的价值也存在难题。

除劳动价值论、效用价值论、供求决定论等外，其他理论如存在价值论、价值工程论、财富论等都从不同角度论证了环境资源的价值。以上各种理论在解释环境资源价值上尽管都存在某种不适应性，但无法抹杀环境资源具有价值这样一个事实。

环境资源的价值主要表现在以下两个方面：一是具有经济价值。它能为人类提供人类生产、生活所需的物质资料，是经济社会发展的物质基础。二是具有生态价值。环境资源的生态价值表现在多个方面，它可以调节气候、涵养水源、净化空气、处理废弃物、维持生物多样性等。除经济价值和生态价值之外，环境资源还具有美学价值、文化遗产价值、教育价值、休闲旅游价值等多种价值。正如美国著名哲学家霍尔姆斯·罗尔斯顿在《哲学走向荒野》等著作中提出的，价值是在真实的事物（往往是自然事物）上体现出来的，自然事物有经济价值、生命支撑价值、消遣价值、科学价值、审美价值、生命价值、多样性和统一性价值、稳定性和自发性价值、辩证的价值、宗教象征价值等多种价值。[1]

除各种理论学说论证了环境资源的价值外，环境资源的生态价值业已由实践充分证明。科斯坦萨等人在《自然》杂志上发表了《世界生态系统服务与自然资本的价值》一文，首次系统地设计出测算全球自然环境为人类所提供服务的价值方式，认为"生态服务"数值是全球生产总值的 1.8 倍，生态系统服务功能在提供物质资料的同时，维持了地球生命支持系统，形成了人类生存所必需的环境条件。[2]

二、环境资源价值理论对构建国际河流生态补偿制度的影响

环境资源具有价值，要使其价值得到持续性的发挥就必须对其进行维护、投资。随着环境资源稀缺性的凸显，人们已经意识到，环境资源并不是取之不尽、用之不竭的，因此，不能只单方面地向其索取，而是既要利用环境与资源，又要保护环境与资源，使其能持续地发挥价值。要保护环境资源，就必须设置相应的制度去激励人们进行生态投资。生态补偿制度就是这样一种制度。它的实施能给生态投资者建立一种回报机制，激励更多的人为生态投资，最终维护环境资源价值的持续性。

国际河流水资源作为一种特殊的生态资源，具有重大价值。首先流域水资源具有经济服务功能，可用于发电、航运、灌溉等工农业生产及人们生活。除了经济服务功能，流域水资源还有生态服务功能：维护适宜的水量和水质，保护水生态系统的平衡，将有利于调节气候、净化环境、维护生物多样性、补给地下水、固碳释氧等。要保护国际河流水资源价值，就必须对它进行好的维护。要激励流域国进行生态

---

[1] ［美］霍尔姆斯·罗尔斯顿.哲学走向荒野［M］.刘耳，叶平，译.长春：吉林人民出版社，2000：122-148.

[2] 卢艳丽，丁四保.国外生态补偿的实践及对我国的借鉴与启示［J］.世界地理研究，2009（3）：161-168.

投入，以维护流域生态价值，就必须对贡献国进行生态补偿。通过生态补偿制度使其得到合理回报，从而有效地激励流域国从事生态投资，使生态资本增值。

第五节　正义理论

一、正义理论的基本含义

正义是人类社会普遍认可的崇高价值，原属于伦理学、政治学的基本范畴。随着法的产生和发展，许多伦理道德观念上升为法律规范，正义也被引入法学领域，成为法的根本出发点和最终归宿。正如罗尔斯所说，"正义是社会制度的首要德性，正像真理是思想体系的首要德性一样。一种理论，无论它多么精致和简洁，只要它不真实，就必须加以拒绝或修正。同样，某些法律和制度，不管它们如何有效率和安排有序，只要它们不正义，就必须加以改造或废除"[1]。

正义的价值从未受到质疑，但何为正义，却难以精准界定。正如博登海默所说："正义有着一张普洛透斯似的脸，变幻无常，随时可呈不同形状并具有极不相同的面貌。当我们仔细查看这张脸并试图解开隐藏其表面背后的秘密时，我们往往会深感迷惑。"[2]古今中外无数的思想家、学者为揭开正义神秘的面纱付出了毕生的时间和精力，也对其作出了形形色色的阐释。例如，古罗马法学家乌尔比安认为，"正义乃是使每个人获得其应得的东西的永恒不变的意志"；西塞罗将正义描述为"使每个人获得其应得的东西的人类精神取向"；瑞士神学家埃米尔·布伦纳认为，"无论是他还是它只要给每个人以其应得的东西，那么该人或该物就是正义的；一种态度、一种制度、

---

[1]　约翰·罗尔斯.正义论［M］.何怀宏,何包钢,廖申白,译.北京:中国社会科学出版社,2009:3.
[2]　E.博登海默.法理学:法律哲学与法律方法［M］.邓正来,译.北京:中国政法大学出版社,1999:252.

一部法律、一种关系，只要能使每个人获得其应得的东西，那么它就是正义的"[1]。

进入 20 世纪后，由于现代社会仍存在许多不正义的现象，正义仍是人们争论的中心，很多学者热衷于介入正义问题的争论，提出了不少有代表性的观点。对正义的论述最为充分、最值得提及的是美国政治哲学家约翰·罗尔斯（1921—2002 年）。罗尔斯接受并修正了柏拉图、亚里士多德等人的正义论和卢梭、康德等人的自然法学说、契约论学说，从公平正义入手，系统而全面地对自由与公平、个人与国家、机会与结果等广泛的社会问题进行梳理，并做出深刻的诠释，力图构建现代西方社会新的"公平正义"的道德基础。

1958 年，罗尔斯发表《正义即公平》一文，提出正义的核心就是平等。为全面论证正义的含义，罗尔斯于 1971 年又出版著作《正义论》。"正义论"是罗尔斯在批判功利主义基础上提出的，一种强调制度正义优先于个人正义的自由平等主义的正义观。《正义论》被誉为"二战"后伦理学、政治哲学领域中最重要的著作，其研究的内容涵盖了涉及社会正义的广泛的领域，研究的社会正义问题更是关系每个人的切身利益。罗尔斯从人都处在"无知的面纱"中的"原初状态"（类似"自然状态"）出发，通过系统全面的论证，将其正义理论体系浓缩为两大原则：第一是自由平等原则，即每个人在最大程度上平等地享有和其他人相当的基本的自由权利；第二是差别原则，即社会利益和经济利益的不平等分配应该对"最少受惠者"最有利，以实现事实上的公平。在这两个原则中，社会的公平正义按照"第一个原则"（即自由平等原则）优先于"第二个原则"（即差别原则）的选择进行。国家赋予并保护个人公平、平等的权利，不分等级阶层，人人享有这样的权利。

总之，在社会发展的不同时期，人们对正义的研究有不同的侧

---

[1]　博登海默.法理学：法哲学及其方法［M］.邓正来，姬敬武，译.北京：华夏出版社，1987：264-265.

重点。有的侧重于平等，有的侧重于自由，还有的侧重于平等与自由的结合，或者是社会福利、个人利益、道德的善、真理等。利奥塔在《公正之赌》中说道："存在着各种各样的正义，每一正义都根据每一游戏的特定规则予以界定。"[1]正是在各种观点的分歧与斗争中，正义理论不断丰富、充实与发展。但是，无论分歧和争议有多大，对于正义是一种基本善品，法律需要正义的介入来彰显其价值，正义的实现也需要借助法律这种强制性规范这一点是毋庸置疑的。

二、正义理论对构建国际河流生态补偿制度的指导

首先，正义理论为国际河流生态补偿制度的构建提供了理论依据。国际河流具有整体性，无法分割，因而无论一国如何强调对其境内国际河流水资源的永久主权，都难以否认它的共享性质。对于这一共享资源，流域各国对国际河流享有分享的权利，同时，为使国际河流水资源得到可持续利用，也负有保护的义务。保护虽是流域国都应尽的义务，但是一方面，保护行为需要花费一定成本，流域国为履行保护流域生态环境的义务，需采取建立自然保护区、关、停污染企业等方式改善国际河流生态环境，付出各种显性成本及隐性成本；另一方面，由于国际河流的不分割性，保护行为的受益者不仅为保护国，也包括其他流域国。这就使得权利的享有和义务的承担处于不平等状态，不符合正义原则。而且，这种不平衡状态如果不能及时改变，势必影响付出方的积极性，难以激发其对流域生态环境的持续投入，最终受益方也难以获得持续的利益。如何纠正贡献国和受益国间权利与义务的失衡？按罗尔斯所说，需要"一系列特定原则来划分基本的权利和义务，来决定他们心目中的社会合作的利益和负担的适当分配"[2]。国际河流生态补偿就是此种制度。

[1]　周文华.论法的正义价值［M］.北京：知识产权出版社，2008：48.
[2]　约翰·罗尔斯.正义论［M］.何怀宏，何包钢，廖申白，译.北京：中国社会科学出版社，2009：5.

只有构建国际河流生态补偿制度，让受益国对贡献国付出的成本进行相应补偿，才符合公平正义，才能使国际河流被可持续利用。

其次，国际河流生态补偿制度的具体设计须符合正义理念。在国际河流生态补偿制度的具体构建上，谁来补偿、如何补偿、补偿多少，也应符合正义原则，体现正义的价值。例如，在补偿标准上，必须考量各种因素，确定一个适宜的标准，否则，标准过高，对补偿方不公平；标准过低，则对受补偿方不公平。

第六节 共同利益理论

一、共同利益理论的基本含义

利益即益处、好处。凡能够满足人类生存和发展需要的物质和精神事物都可称为利益。利益是主体行动的根本动因。理性的主体在进行社会活动时，都会自觉或不自觉地进行利益权衡，力求在一定原则范围内最大限度地维护和谋取自身的利益。无论对于个人还是对于国家，利益都是其行动的出发点和归宿。

在国际活动中，国家利益是制约和影响各类国际政治行为体行为的根本因素，国际关系本质上就是行为体之间尤其是国家之间的利益关系。国家利益是指一个国家内有利于其绝大多数公民的共同生存与进一步发展的诸因素的综合。一般来说，国家利益可分为国内政治意义上的国家利益和国际政治意义上的国家利益或民族利益。前者是指相对于地方、集体或个人利益的国家利益，后者是指相对于其他国家、国家集团的利益或世界利益的国家利益。在阶级产生之后到民族国家产生之前，国家的利益与其统治者或君主、王朝的利益是一致的，保护和维护王朝利益就等于保护和维护国家利益。这时的国家利益主要是国内政治意义上的国家利益。当民族国家出现后，也就是现代意义上的国际关系出现后，人们开始关注民族国家、政治国家的利益，而不再是君主或统治者的利益。国家利益则成为国家行为体从事对外活动的最基本动因和归宿。[1]如果国家之间在利益上无法调和，就会导致冲突与战争；如果能够调和，就会出现国际合作与和平；如果处于冲突和调和之间，就会出现国际竞争。

在现代国际社会，虽然各国之间在很多方面都存在矛盾与冲突，但不可否认，在全球化的浪潮下，各国间政治、经济、军事等各方面的联系都日益密切，加之许多全球性问题的出现，使得各国之间不仅有各自的利益，也有共同的利益存在。

共同利益是一个内容广泛、含义丰富的社会范畴。对于共同利益，学者们有不同的表述，例如，哈耶克则把共同利益定义为一种抽象的秩序——"自由社会的共同福利或共同利益的概念，绝不可定义为所要达到的已知的特定结果的总和，而只能定义为一种抽象的秩序，作为一个整体，它不指向任何特定的具体目标，而是仅仅提供最佳渠道，使无论哪个成员都可以将自己的知识用于自己的目的"[2]；边沁认为，"共同利益绝不是独立于个人利益的特殊利益，共同体是个虚构体，由那些被认为可以说构成其成员的个人组成，那么，共同体的利益是什么呢？是组成共同体的若干成员的利益的总和；不理解什么是个人利益，谈共同体的利益便毫无意义"[3]；博登海默则从个人权利的外部界限角度解释了共同利益，共同利益这个概念"意味着在分配和行使个人权利时绝不可以超越的外部界限"，外部界限的意思是"赋予个人权利以实质性的范围本身就是增进共同福利的一个基本条件"。[4]

---

[1]　王志民，申晓若，魏范强.国际政治学导论［M］.北京：对外经济贸易大学出版社，2010：133.

[2]　弗里德里希·冯·哈耶克.经济、科学与政治：哈耶克思想精粹［M］.冯克利，译.南京：江苏人民出版社，2000：393.

[3]　边沁.道德与立法原理导论［M］.时殷弘，译.北京：商务印书馆，2000：58.

[4]　E.博登海默.法理学：法律哲学与法律方法［M］.邓正来，译.北京：中国政法大学出版社，1999：298，317.

由于本书探讨的是国家间的利益，介于共同利益的"共同"被解释为"为团体或社会所有或几乎所有成员所共有的、公用的、共同的、共受影响的"[1]，因而本书将共同利益界定为：共同利益是在一定的时期内，至少两个国家所共同享有的、客观存在的，一个或者多个方面的利益。[2]

随着经济全球化的发展，各国之间相互交往和相互依存的程度空前提高，许多关系国家生存和发展的问题已超越了国界而成为国家间的，甚至成为影响全世界的问题。各国间存在着复杂的利益关系，既存在利益的差别乃至对立，也有共同的利益，大至全人类间存在共同利益，如人类共同继承财产的保护、全球生态环境保护、反对国际恐怖主义、防范疾病蔓延、打击国际犯罪和国际人权保护等，小至国家与国家间在经济、生态和安全等各方面问题上也存在共同利益。共同利益的存在使各国间有了相互合作、相互妥协的基础，共同利益将相关国家乃至整个人类紧紧地联系在一起。

二、共同利益理论对构建国际河流生态补偿制度的支持

由于各流域国所处的地理位置、经济发展水平、历史状况、现实发展需求等各不相同，因而各国对国际河流的利益诉求也存在差异，符合某国利益的国际河流利用方式并不一定符合其他流域国的利益，甚至是对立的。例如，对上游国来说，水电开发能增加电力供应，缓解该国能源供需矛盾，带动地区甚至国家经济发展；但对于下游国来说，上游的水电开发行为却有可能导致下游国水量减少，危害下游国的农业灌溉、渔业生产等。又如，对以农业为主的国家来说，需要大量的灌溉用水，因而对水量占用提出更多要求，但在水资源短缺的情况下，其利用水量的增多必将导致其他流域国可用水量的减少，因而

[1] 俞祖华.中国古代的和谐思想[N].光明日报，2005-02-28.
[2] 池勇海.共同利益论——基于国际经济的视角[D].上海：复旦大学，2010：16.

不符合其他国家的利益诉求。总而言之，每个流域国都是理性的经济人，追求本国利益的最大化，当其他国家的开发、利用行为不符合本国利益时，冲突就产生了。

但是，除去相互冲突的国家利益外，各流域国间还存在共同利益。从实质上看，国际河流各流域国就是一个利益共同体。因此，在国际河流利用及保护领域，继"领土主权论""绝对领土完整论""有限主权论"之后，产生了"共同利益论"。

绝对领土主权论是美国司法部部长哈蒙提出的，因而也被称为"哈蒙主义"。1895 年，针对美国和墨西哥发生的界河用水争端，哈蒙提出了绝对领土主权论，即一国对其管辖领土内的任何资源，包括共享河流资源，可以进行任何符合本国利益的利用，而不必考虑是否对其他国家造成损失。这种权属理论对上游国非常有利，在当时受到了某些上游国的欢迎，但是却违背了"行使自己的权利不得损害别人"的国际法准则。因此，"哈蒙主义"提出后很快遭到国际上的指责，难以得到广泛的认可。

绝对领土完整论，又称为"自然水流论"。它与绝对领土主权论相对立，主张一国境内的水流是该国领土的构成部分，因而，沿岸国在任何情况下都不能改变国际河流的自然水流，否则就是对其他沿岸国领土完整的侵犯。基于此种理论，国际河流中上游国家必须保持水流的天然状态，只有下游国才能对国际河流境内河段资源进行开发、利用。这种理论对下游国有利，但却很难实施，因为只要兴建水利工程，都有可能改变自然水流。绝对领土主权论和绝对领土完整论因极端的片面性难以得到广泛认可，于是，在实践中逐渐产生一种介于两者之间的理论，即"有限主权论"。

"有限主权论"主张，各国对其境内的自然资源有开发利用的主权权利，但其权利的行使以不损害他国利益为限。"有限主权论"由于更具包容性、更能兼顾各方的利益，为很多国家所接受。"有限主权论"较好地平衡了上、下游国之间的利益，得到了国际社会的广泛认同，但是它也存在局限性。它的局限性表现在只看到国际河流上、下游国家都有开发、利用权利这一表象，却忽视了国际河流是一个整体，需要对其进行整体的、符合国际河流生态系统保护要求的开发、利用。于是，国际社会中出现了"共同利益论"。

"共同利益论"主张国际河流是流域国的共同财富，国际河流各流域国不仅有共同的经济利益，也有共同的安全利益。共同利益的存在使国际河流的生态补偿不仅必要，而且也具有可行性。

（一）共同的经济利益

水是工农业生产、人民生活等须臾不可离的物质，是经济发展必不可少的宝贵资源，水资源的开发、利用对各流域国有重要的经济利益。从表面上看，流域国间的经济利益似乎是对立的、冲突的。因为，国际河流资源是有限的，并非取之不尽、用之不竭，一国的利用会减少他国同等的利用。但是，从实质上说，流域国的经济利益最终是共同的、一致的。

国际河流是一个整体，流域上、下游之间本来就有着一衣带水、互相依存、不可分割的关系。只有齐心协力，积极承担各自义务，对国际河流进行共同保护，才能使其得到可持续利用。如果各流域国从自身利益出发，都希望在水量上尽可能占用更多的国际河流水资源，根据本国情况对国际河流进行各种开发、利用，如灌溉、发电或航运等，而在水质及水生态环境保护上，从自身短期利益出发，产生搭便车的心理，希望别的国家承担更多，等待其他国家去治理污染、保护水生态，自己消极对待，各打各的算盘，最终就会导致"公地悲剧"和"囚徒困境"的产生。

因此，各流域国在维护本国对国际河流开发利用权利的同时，也应看到除去相互冲突的经济利益外，各流域国间还存在共同利益。为了使得国际河流最终得到可持续利用，必须对国际河流进行有效的保护。当一国采取生态投入行为，产生一定生态效益时，受益国应分担相应的生态环境保护和建设成本，最终达到流域生态共建、环境共保、资源共享、优势互补、经济共赢的目标。

（二）共同的安全利益

"安全"是国际政治研究领域中的重要课题。自从国际政治学产生以来，"安全"议题就一直居于统揽性和主导性地位，成为国际政治研究的"起点"和"落点"。对于什么是"安全"，从静态上理解，是指稳定、完整，不受威胁、免于危险的状态；从动态上理解，是指为维护这种"安全"状态所采取的措施和行动。在不同历史时期，安全表现为不同的形态。在 20 世纪 40 年代以前，安全主要表现为防范军事入侵、种族冲突、边界纠纷等传统安全形态。"二战"之后，随着国际环境的变化，国际关系日益复杂，安全的表现形态也日益丰富。安全已不再局限于传统的军事领域，开始向经济安全、金融安全、信息安全、生态环境安全等非传统领域拓伸。尤其在环境与资源领域，生态环境与资源是否安全，直接关系国家安全和国际安全。一方面，资源短缺将导致各国对其争夺越来越激烈；另一方面，跨国界的环境污染不仅使生态安全受到威胁，也使得各国的矛盾加深。这些争端如得不到及时有效的疏解，就会威胁到国际安全。

第一，传统安全。在国际河流水资源领域，由于水资源具有重要的经济价值和生态价值，各国之间的争夺从未停止。尤其在全球性水危机出现后，国际河流资源利益的分享更成为各流域国关注的焦点，分配不均、利用不当常引发国际冲突，威胁流域国的国家安全。因此，2001 年 3 月的"世界水日"，时任联合国秘书长安南指出，"对淡水的激烈争夺很可能成为未来冲突和战争的根源"[1]。

---

[1]　何大明，冯彦，胡金明，等.中国西南国际河流水资源利用与生态保护[M].北京:科学出版社，2007：11.

第二，生态安全。流域是一个由自然、社会、经济共同组成的复合生态系统。在这个庞大复杂的系统内，其物质、能量、信息流动依循固有的规律周而复始地进行着，系统内的各要素互为条件、相互制约，共同影响着流域的发展。其中，流域自然生态系统是流域内经济社会发展的前提条件，流域自然生态系统遭到破坏，流域社会经济生活就失去了依托和基础。因此，流域人类社会整体利益的实现必须以流域自然生态系统的安全保障为前提。[1]由于水资源的自然流动性，处于某国境内河段的污染常会殃及其他流域国，威胁整个流域生态系统的安全。因此，国际河流水资源能否得到合理分配与利用，国际河流水环境能否得到良好保护，不仅关系国家主权安全、领土安全、应对战争危险等传统安全的实现，也关系生态环境安全这一非传统安全的实现。

要协调各流域国间的水资源利用冲突、保护国际河流水资源，保障国家领土安全及生态安全，核心在于对国际河流这一共享资源进行公平合理利用。公平利用是指各流域国都有在各自领土范围内利用国际河流水资源的权利。合理利用是指各流域国对国际河流水资源要进行合乎人类需要和合乎自然、社会发展规律的利用，不能超过水资源的承载极限，不得损害水资源的再生能力，不对水资源进行污染和浪费。公平利用和合理利用侧重点不同，但其实质最终都体现为权利、义务的一致性，即各国有在其领土范围内公平合理地使用国际河流水资源的权利，同时又要承担不剥夺其他国家公平合理利用国际河流水资源的义务和不对国际河流水资源进行损害和浪费的义务。要使这些权利得到公平享有、义务得到切实承担，就必须设置相应的保障制度。除基础调查制度、流域规划制度、环境影响评价制度、监测制度等外，生态补偿制度对保障国际河流水资源的公平合理利用也具有非常重要的意义。在国际水法中确立生态

---

[1] 陈晓景.流域管理法研究：生态系统管理的视角[D].青岛：中国海洋大学，2006：25.

补偿制度,明确当上游国通过退耕还林还草、植树造林等方式控制、减少水土流失,减小洪涝灾害对下游的威胁,通过控制工业活动、调整产业结构来减少对水质的污染,对维护流域环境质量做出贡献时,下游国应给予相应补偿。同时,当下游国对流域做出积极贡献,上游国获有利益时,上游国也应给予相应补偿。[1] 通过补偿的给与受,流域国间的利益得以平衡,生态环境得到维护,最终有利于国家安全和国际安全的实现。

---

[1] 黄锡生,曾彩琳.跨界水资源公平合理利用原则的困境与对策[J].长江流域资源与环境,2012(1):79-83.

第四章　国际河流生态补偿制度构建的现实基础

近几十年来，某些国家结合各自实际，在流域生态补偿领域展开积极有益的探索，产生了很多成功的实例。这些成功实例不仅说明了国际河流生态补偿制度的构建具有可行性，也从实践层面为国际河流生态补偿制度的构建提供了参考与借鉴。

第一节　国际河流生态补偿实践

国际河流具有跨界性，流经或分隔不同的国家，因而它不同于国内河流。国内河流的生态补偿可由国家通过法律和政策等方式组织实施，而在国际河流问题中，却不存在一个超越国家主权的超级政府，来安排各流域国通过各种方式实施生态补偿。同时，国际河流流经范围的宽泛导致贡献国和受益国也难以确定。在同一流域中，可能存在多个贡献国，也可能存在多个受益国，也可能某些国家既为贡献国又为受益国。这种现实状况给生态补偿的实施带来困难，致使国际河流生态补偿实践远少于各国国内跨区域河流的生态补偿实践。尽管如此，某些流域国为了改善流域环境质量，在国际河流生态补偿上仍然进行了积极的探索，形成了一些好的补偿模式。例如，在易北河流域补偿和哥伦比亚河流域补偿中，流域国采用了各具特色的补偿措施，产生了良好的效果，为国际河流生态补偿制度的构建提供了有益的借鉴。

一、易北河流域生态补偿

易北河流域总面积为 144060 平方千米，是欧洲的主要河流之一。它发源于捷克、波兰两国边境附近的克尔科诺谢山南麓，穿过捷克共和国西北部的波希米亚，进入德国东部，在德国下萨克森州库克斯港附近注入北海。易北河全长 1100 多千米，其中，1/3 河段位于上游国捷克共和国，2/3 河段位于下游国德国。

易北河流经德国德累斯顿、汉堡等著名城市，对德国经济发展起着非常重要的作用。1990 年德国统一之前，由于捷克斯洛伐克、民主德国和联邦德国三国政治关系不协调，尽管易北河已遭受污染，三国仍未对其进行共同整治。德国统一之后，政治局势发生改变，加之经济发展的需要，捷克和德国两国迅速达成协议，由中下游德国提供部分经费，共同整治易北河，以减少流域两岸污染物排放，保持流域生物多样性，改良农用水灌溉质量。

易北河流域整治有如下重要特色：

第一，机构设置完备。根据协议，捷克和德国两国共组成了 8 个专业小组，各司其职，各负其责。行动计划小组负责确定、落实目标计划；监测小组负责确定监测参数目录、监测频率，建立数据网络；研究小组负责研究采用何种经济、技术等手段来保护环境；沿海保护小组负责研究解决物理因素对环境的危害；灾害处理小组负责解决化学污染事故，预警污染事故，使危害降低到最低限度；水文小组负责收集水文资料数据；公众小组负责宣传工作，每年出一期公告，报告各国工作情况和研究成果；法律政策小组主要解决各行为主体的法律关系问题。

第二，经费来源渠道多样。易北河流域整治所需的费用，主要来自德国支付的补偿费用。按照协议，2000 年，德国环保部拿出了 900 万马克给捷克，用于建设捷克与德国交界的城市污水处理厂；德国在易北河流域还建立了 7 个国家公园，占地 1500 平方千米。除德国给予的补偿外，流域国还通过居民缴纳的排污费、财政贷款、研究津贴等方式筹措资金。

第三，生态保护行动行之有效。在易北河整治中，采取了建立国家公园、自然保护区，禁止在保护区内建房、办厂或从事集约农业等行动措施。这些整治行动取得了较好的效果。经过治理，易北河游域的水污染得以改善，而且还收到了较为明显的经济效益和社会效益。[1]

二、哥伦比亚河流域生态补偿

哥伦比亚河全长 2044 千米，流域面积 415211 平方千米，是北美洲西部大河之一。它发源于加拿大南部落基山脉，流经美国，最后注入太平洋。哥伦比亚河的典型特点是河流水量大，适宜于兴建水利工程。早在 20 世纪 30 年代，美国就开始对哥伦比亚河进行综合开发，沿干、支流兴建了许多大大小小的水坝。水电的开发促进了流域国工业的发展，也使流域内的斯内克河平原、华盛顿州中东部以及俄勒冈州中北部和西部的威拉米特河谷等夏季干旱少雨地区得到了灌溉。但是，由于各水利水电工程开发较早，调节库容及防洪库容均不足。因而，在冬季雨量集中季节，常发生洪水，在夏季雨量偏少季节，水量又明显不足，影响农业灌溉。为改善流域资源环境状况，以确保水力发电、防洪和其他各种效益，使美、加两国共同受益，两国经过多次协商，最终达成《美国加拿大关于哥伦比亚河流的条约》，条约于 1964 年 9 月生效。条约规定，为改善哥伦比亚河的流量，加拿大将提供 1550 万 ACRE-FOOT[2] 的蓄水量。为此，加拿大需在不列颠哥伦比亚省麦克里、阿罗湖口、库特奈河等处建设水坝。水坝建成，将给美国带来发电效益和防洪效益，而对于加拿大方付出的

---

[1] 丁任重.西部资源开发与生态补偿机制研究 [M].成都: 西南财经大学出版社, 2009: 12.

[2] ACRE-FOOT 为灌溉水量单位，相当于 1 英亩地 1 英尺深的水量。

水电运行成本和防洪成本，美国应当给予一定的补偿。

哥伦比亚河流域水电梯级效益补偿具有以下特点：

第一，补偿标准明确。条约规定，加拿大防洪所付出的水电运行成本和防洪成本，美国应当补偿给加拿大。对于补偿标准这个重要问题，条约规定得非常详细。双方约定，美国获得的发电效益，加拿大享有下游增加的发电效益的一半，美国应当将增加的下游发电效益在减去输电损失后将电输送到加拿大和美国的边境上，或者双方约定后将收益直接拨付加拿大；美国获得的洪水控制效益，只要加拿大提供了洪水控制服务，那么美国就要向加拿大做出补偿。具体的补偿额度条约规定得非常详细。例如，加拿大方蓄水量为 80000 ACRE-FOOT 时，美国方将支付 1200000 美元的补偿；加拿大方蓄水量为 1270000 ACRE-FOOT 时，美国方将支付 11100000 美元的补偿；加拿大方蓄水量为 7100000 ACRE-FOOT 时，美国方将支付 52100000 美元的补偿。如果规定的蓄水量加拿大方没有按照约定达到，那么美国方将按照下列标准扣减补偿：没有达到 80000 ACRE-FOOT 蓄水量时，每月扣减 4500 美元；没有达到 1270000 ACRE-FOOT 蓄水量时，每月扣减 40800 美元；没有达到 7100000 ACRE-FOOT 蓄水量时，每月扣减 192100 美元。

第二，补偿方式灵活。条约规定，美国对加拿大提供的洪水控制服务，每四个洪水周期支付一次。加拿大在接受补偿的时候，既可以要求美国以输电的形式进行补偿，也可以要求美国以货币的方式进行补偿，还可以要求将二者相组合。

第三，组织机构得力。按照条约，美国和加拿大成立工程委员会负责条约的监督和执行。工程委员会委员共 4 人，由加拿大和美国各委派两名。委员会的职能主要为以下方面。其一，基础调查职能，委员会要对哥伦比亚河两国接壤处的流量记载进行评估。及时发现水力发电和洪水控制中存在的问题，并提出补救计划和补偿调剂方法。其二，技术支持职能，委员会须就两国或两国的有关单位在技术问题上的不合和差别提供智力支持。其三，监督职能，委员会须对加拿大和美国两国履约情况进行检查，并将检查结果报告美、加双方。其四，信息反馈职能，委员会对条约执行的效果以及履约过程中应引起两国重视的问题等制作成报告，提交两国。

第四，明确约定纠纷解决方式。双方约定，如果两国在履约过程中发生分歧，首先由两国协商解决，如果无法协商解决，则可以提请国际联合仲裁委员会进行仲裁。如果国际联合仲裁委员没有在双方同意的期限内做出裁决，那么双方可再次提出诉讼。[1]

除易北河和哥伦比亚河外，也有其他流域国就相关补偿问题达成协议，如印度和巴基斯坦间签订《关于利用印度河流域水源条约》，确定由印度参与出资在巴基斯坦境内修建水利；苏丹共和国和阿拉伯联合共和国签订《关于充分利用尼罗河水的协定》，规定对修建阿斯旺大坝导致苏丹某些地区被淹没，埃及给予 1500 万英镑的补偿等[2]，这些成功范例为推动国际河流生态补偿的进一步深入探索与实施奠定了良好的基础。

第二节　国内河流生态补偿实践

众所周知，国内跨区域河流生态补偿实践已在全世界范围内广泛展开，并取得了显著的成效。从广度来看，大多数国家均已开展生态补偿的理论与实践研究，并产生了很多流域生态补偿的经典案例。从深度来看，各国国内河流生态补偿不仅广泛开展，而且也尝试采用多种方式进行，以使生态补偿切合各流域实际。例如，目前各国国内流域生态补偿在实践中不仅存在公共支付形式、自发组织的私人交易等

---

［1］　何学民．我所看到的美国水电（之五）——美国哥伦比亚流域水电梯级效益补偿及调度运营［J］．四川水力发电，2006，25（1）：132–136，139.

［2］　冯彦．国际河流水资源法及相关政策研究［M］．昆明：云南科技出版社，2001：23.

常见形式，也积极挖掘生态补偿基金、生态标志、水权交易、开放式的贸易体系等其他多种形式。下文将择取几个典型案例进行分析，以获取有益经验，为国际河流生态补偿制度的构建提供参考。

一、澳大利亚墨累－达令河流域生态补偿

墨累－达令河流域位于澳大利亚东南部，由墨累河、达令河及众多的支流构成。墨累－达令河流域是澳大利亚最大的流域，在行政区划上跨越新南威尔士州、维多利亚州、昆士兰州、南澳大利亚州和首都直辖区等重要区域，流域面积超过 100 万平方千米，大约占整个澳大利亚大陆陆地面积的七分之一。墨累－达令河流域不仅面积广，也有着非常重要的经济价值、环境价值及文化价值，地位举足轻重。在经济价值方面，该流域为 280 万澳大利亚人提供饮用水源，为全国 42% 的农场和 50% 以上的果园提供灌溉用水。此外，该流域还为采矿业、加工业、旅游业提供水资源。流域中生产的木材、小麦、畜产品、奶产品、棉花、大米、酒、水果和蔬菜等源源不断地供应着国内和国际市场。[1] 在环境价值方面，该流域不仅包含高山、草原、半荒漠、湿地等多种环境类型，而且植物物种及动物物种种类繁多，是澳大利亚生物多样性最丰富的地区之一。在文化价值上，该流域还孕育了许多重要文化遗产，具有重要的文化价值。

由于过度开发利用，墨累－达令河流域生态环境受到严重破坏。首先，湿地退化现象突出。长期过度过牧、污染物大量排放、城市扩张等对湿地资源的过度以及不合理的利用，加上河道整治、堤防建设、水坝修建等行动的开展，墨累－达令河流域内 3 万多个湿地存在生态系统结构破坏、功能衰退、生物多样性减少、生物生产力下降、湿地生产潜力衰退等不同程度的湿地退化现象。其次，农田毁损现象严重。墨累－达令河流域内农田多存在土体板结，肥力下降，水土流失，土

---

[1] 高立洪. 墨累－达令流域水与生态问题的解决之道［N］. 中国水利报，2005-09-03（4）.

壤退化、沙化、盐化等问题。在各种生态环境问题中，尤以盐碱化问题最受关注。墨累－达令河流域所在地区干旱少雨，属于天然盐渍化环境，土壤中富含盐分，河水中自然也含有盐分，加上人类活动的影响，致使河流的含盐度和浊度偏高，有的河水的含盐浓度甚至高于海水的含盐浓度。土地盐渍化导致地表植被受到破坏，某些区域甚至寸草不生。植被的破坏导致土壤中多余的水分不能被植被充分吸收并通过蒸腾作用返回到大气中，最终引发地下水位的升高。地下水位的升高反过来又导致溶解的矿物质被带到土壤表面，由此产生的盐分影响作物的生长。因此，恢复植被、解决盐碱化是墨累－达令河流域治理的关键问题。

　　在墨累－达令河流域管理上，新南威尔士州、维多利亚州与南澳大利亚州早在 1884 年就共同签署了《墨累河河水管理协议》，以协调航运、羊毛贸易和捕鱼等利益冲突问题。1915 年，新南威尔士州、维多利亚州、南澳大利亚州与联邦政府达成了新的《墨累河河水管理协议》。根据该协议，墨累河河水连同取水的权利从州到城镇到灌区到农户，被一层层分配。为保证该分水协议的执行，流域地区在 1917 年成立了"墨累河流域委员会"。20 世纪 60 年代以来，墨累－达令河流域各州间的冲突从分水等利益冲突变为以盐渍化为代表的水质问题冲突，原来的协议已经不能满足新形势的需要，因此，1982 年，相关州签署了新的《墨累－达令河水管理协议》，该协议重视水质管理，首次将生态环境问题纳入协议内容。[1] 根据此协议，墨累－达令河流域部级理事会成立。部级理事会是流域管理最高决策机构，职责是为流域内自然资源管理制定政策，确定方向。部级理事会一般由来自联邦政府和流域 4 个州负责土地、水和环境的部长共 12 名成员组成。在部级理事会之下，又设有流域委员会和社区咨询委员会。流域委员会是部级理事会的执行机构，主要负责流域水资源的分配，向部级理

---

[1]　杨桂山，于秀波，李恒鹏，等 . 流域综合管理导论［M］. 北京：科学出版社，2004：168-172.

事会就流域自然资源管理提出咨询意见，实施资源管理策略，提供资金和框架性文件。流域委员会主席由部级理事会指派，通常由持中立立场的大学教授担任，成员由每州各指派两名负责土地、水及环境的司局长或高级官员担任。社区咨询委员会是部级理事会的咨询机构，负责广泛收集各方面的意见进行调查研究，及时发布最新的研究成果，并负责流域委员会和社区之间的双向沟通，在一些决策问题上确保社区能有效参与，保证各方面的信息交流。社区咨询委员会通常有 21 名成员，成员来自 4 个州、12 个地方流域机构和 4 个特殊利益群体，具有广泛的代表性。[1]

　　1999 年 10 月，为解决流域盐碱化问题，在流域管理机构的组织协调下，下游食品与纤维协会和上游新南威尔士州林务局达成购买盐分信贷的协议。其中，食品与纤维协会是由 600 个灌溉农场主组成的协会，新南威尔士州林务局是一家政府贸易企业，主要负责公共天然林的可持续经营和人工林的扩建，其拥有上游土地的所有权。协议规定，为减少流域的盐分浓度，获得较适宜的河水以灌溉土地，食品与纤维协会向新南威尔士州林务局支付"蒸腾作用服务费"，以对新南威尔士州林务局在上游土地种植脱盐植物进行补偿。具体的补偿标准为：假定新南威尔士州林务局种植的每公顷森林每年可以蒸腾掉 500 万升的水，那么价格就按每年多蒸腾的水量计算，即每百万升水灌溉农场主应付多少金额。经协商，双方确定的给付标准为每蒸腾 100 万升水，灌溉农场主给付 17 澳元，或灌溉农场主每年每公顷土地补偿 85 澳元，支付期限为 10 年。通过这种方式，上游新南威尔士州林务局获得经费，得以在上游地区种植脱盐植物，使墨累－达令河流域水质得到有效保护，盐碱化状况得以改善。[2]

［1］　高立洪．墨累－达令流域水与生态问题的解决之道［N］.中国水利报，2005-09-03（4）.
［2］　高彤，杨姝影.国际生态补偿政策对中国的借鉴意义［J］.环境保护，2006（19）：71-76.

二、美国卡茨基尔－特拉华河流域生态补偿

卡茨基尔－特拉华河流域生态补偿源于 20 世纪末美国发生的供应水危机。卡茨基尔－特拉华河流域是纽约主要的饮用水水源地。900 万纽约市民 90% 饮用水来源于此流域。但是，随着饮用水处理系统的老化，水安全问题愈来愈严峻。在美国许多地方的供水系统中，粪便、细菌、重金属以及寄生虫经常被发现。每年约有 100 万美国人因为水污染而患病，多达 900 人因此离开人世。时至 1989 年，这些问题已经变得无法忽视，美国国会修订了《安全饮用水法案》，要求对美国的饮用水系统作一次较大范围的评估。根据估算，大约有 3600 万美国人饮用的水来自违反美国环保署标准的处理系统。为了确保每个人都能喝上安全的饮用水，需建立新的过滤净化设施。但是，建立新的过滤净化设施需要投资 60~80 亿美元，每年的运行费用也在 3~5 亿美元。如此高昂的成本，纽约市政府财政难以负担，因此不得不寻求其他解决方案。最终他们发现，卡茨基尔－特拉华河流域主要为农村区域，森林占总土地面积的 75%，如果在卡茨基尔－特拉华河流域进行生态建设，执行可永远确保水质的"流域保护计划"以代替水过滤厂的兴建，不仅将大大减少成本，也可依靠自然的力量对水进行净化。于是，纽约市政府最终决定 10 年内在卡茨基尔－特拉华河流域上游投资 10~15 亿美元，用以改善流域内的土地利用方式和生产方式，来有效减少水中的病原体及磷素含量，使水质达到法规的要求，而在另一工业化程度较高的水源地克劳顿流域则建立新过滤厂。[1]

在此项生态补偿计划中，生态服务的提供方为卡茨基尔－特拉华河流域上游的农场主、林场主和木材公司，生态服务的获得方为下游的纽约市。对生态服务提供方提供的生态服务，生态服务获得

---

[1] 格蕾琴·C.戴利，凯瑟琳·埃利森.新生态经济：使环境保护有利可图的探索［M］.郑晓光，刘晓生，译.上海：上海科技教育出版社，2005：2-4.

方纽约市承诺将为那些采取最好的管理措施的农场主和林场主提供
4000 万美元的补助。这一结果令很多农场主都表示满意。卡茨基尔 –
特拉华河流域约 350 个农场主中，有 317 个同意参加该项目，其中
有 55 个已制定了完善的管理措施。而生态服务获得方纽约市需支付
的补偿经费的来源主要包括：①政府对用水户征收的附加税。纽约
市政府所支付的启动资金主要来源于对用水户征收的附加税。附加
税税率为 9%，期限为 5 年。关于此附加税的提案由纽约市民投票通
过。②纽约市公债，即纽约市通过发行公债来筹集资金。③信托资
金，包括卡茨基尔未来基金会为卡茨基尔流域的环境可持续性项目
提供的 6000 万美元、纽约市信托基金向卡茨基尔流域的水质改良与
经济发展项目提供的 2.4 亿美元及向特拉华流域项目提供的 7000 万
美元。[1] 为执行这项计划，纽约市成立了流域农业委员会，专门负
责土地利用措施的改进，还成立了卡茨基尔流域开发公司，具体负
责流域的项目管理。

三、哥伦比亚考卡河流域生态补偿

考卡河位于哥伦比亚西部，是马格达莱纳河主要支流，发源于中
科迪拉山脉帕莱塔拉高原，向北经宽阔富饶的考卡河谷，最终汇入
马格达莱纳河。考卡河全长 1349 千米，流域面积约 6.3 万平方千米，
流域内土壤肥沃、气候温暖，十分适宜发展农牧业，盛产烟草、谷物、
甘蔗、可可、玉米、棉花、水果等作物，是哥伦比亚第三大城市卡利
市的粮食产区。考卡河全河按防洪、发电、灌溉综合规划开发。1959 年，
为管理考卡河上游的坡地，并主持考卡河流域内不同用户间的水资源
分配，哥伦比亚政府成立了考卡河流域公司。

20 世纪 80 年代，随着工农业的迅速发展、城市的扩张，考卡河
流域出现缺水现象，500 万人口的用水存在缺口。而按照哥伦比亚的

[1] 吕晋.国外水源保护区的生态补偿机制研究 [J].中国环保产业，2009（1）：64-67.

相关法律，当水资源不足以满足所有需求时，家庭用水将被放在优先地位。在此种情况下，农场主难以得到充足的灌溉用水，影响作物产量。而考卡河流域公司由于财力不足，难以解决缺水问题。基于此，水稻与甘蔗种植者就自发组织成立了 12 个水用户协会，自愿提高它们向考卡河流域公司缴纳的水费，以促使考卡河流域公司改善流域管理，最终解决缺水问题。

在此流域生态补偿中，生态服务的支付方为水用户协会。按相关规定，水用户之前需按每 3 个月每秒每升 0.5 美元的标准向考卡河流域公司缴纳水费，此标准是按照每种作物的理论用水量加上考卡河流域公司的管理费用所得出。为解决缺水问题，水用户协会自愿在原水费基础上增加 1.5~2 美元，以偿付考卡河流域公司从事增加河流流量的必要行动时所需费用。生态服务的提供方为考卡河流域公司和上游林场主等。考卡河流域公司除利用水用户缴纳的费用购买水文脆弱地区的土地所有权进行保护外，也与上游林场主签约，将水用户缴纳的部分费用给予上游林场主，作为对其从事造林、控制土壤侵蚀等流域保护活动的补偿。

除以上例子外，还有许多国家开展了形式多样的流域生态补偿实践。例如，哥斯达黎加水电公司为提高上游地区的森林覆盖率，减少水库的泥沙沉积，增加河流年径流量，以使其发电量和收入达到最大值，为萨拉皮奇流域上游地区的植树造林提供资金资助，最终不仅保护了生物多样性，提高了森林覆盖率，也在客观上对解决农民脱贫问题和资源再分配问题起到了一定的推动作用；厄瓜多尔于 1998 年在基多市成立了流域水保持基金，基金的资金来源于受益者的用水费以及国家和国际的补充资金，基金交由 Enlace Fondos 公司来运作，用于保护上游 40 万公顷的卡扬贝 - 古柯流域的水土，以及上游的安蒂萨纳生态保护区。[1] 我国先后在晋江流域、九龙江流

---

[1]　王蓓蓓，王燕，葛颜祥，等 . 流域生态补偿模式及其选择研究 [J]. 山东农业大学学报（社会科学版），2009（1）：45–50.

域、钱塘江流域、新安江流域等进行了形式多样的生态补偿实践，取得了一定的效果。

第三节　流域生态补偿实践对构建国际河流生态补偿制度的启示

国际河流和国内跨区域河流生态补偿实践的广泛存在说明国际河流生态补偿制度的构建具备了坚实的现实基础，同时，国际河流和国内跨区域河流生态补偿实践也为国际河流生态补偿制度的具体构建提供了可供借鉴的经验。

一、完备的立法是流域生态补偿有效实施的基础及重要保障

流域生态补偿的顺利进行需要立法支撑。流域生态补偿是多个利益主体之间的权利、义务、责任的重新平衡，因此，需要法律明确规定利益主体各方的权利、义务，并需要依赖法律的强制力保护各方的权利。

很多国家在国内跨区域河流生态补偿实践上的成功，与它们完善的立法密不可分。生态补偿目标不是仅靠制定政策就可以实现的，除了配套政策的调整外，还必须有法律的保障。从以上案例可以看出，在流域生态补偿上取得较大成功的国家都有一个共同的特点，即有关生态补偿的法律制度较完善，这为流域生态补偿的开展提供了法律依据。同时，流域上、下游各方之间还订立了全面的协议，以落实各方的权利与义务，保证流域生态补偿的顺利进行。

而在国际河流生态补偿中，因国际公约未明确规定生态补偿制度，也仅有极少部分国家缔结相关条约，这影响了国际河流生态补偿的深入开展。

首先，在数量上，严格意义上的国际河流生态补偿较少。流经了200多个国家和地区的，流域覆盖地球陆地表面积45.3%的263条国际河流中，开展生态补偿的却少之又少，而且，在已开展的受益者补偿中，大多数都是基于水电项目建设等给予的补偿，严格意义上的生态补偿寥寥无几，这些都与国内河流生态补偿的蓬勃开展形成强烈反差。

其次，在规模上，多个流域国间的生态补偿鲜有开展。目前，国际河流间的补偿仅发生于界河或流域国较少的国际河流中。而对流经多个国家的国际河流，如印度河流域、尼罗河流域等，虽然基于生态保护等目的，在相关流域间存在关于补偿方面的合作，但是合作也仅局限于少数几个流域国之间，鲜有全流域多个流域国共同开展生态补偿的情形发生。在易北河流域补偿中，生态补偿仅发生在德国和捷克间；在哥伦比亚河流域补偿中，生态补偿仅发生在美国和加拿大间。

国际河流生态补偿与国内河流的生态补偿对比表明，要使国际河流生态补偿广泛开展，除需克服国际河流跨越国界的现实障碍，流域国看重短期利益而忽略长远利益、整体利益的理念障碍，流域国基础数据收集不足、信息共享平台缺乏的信息障碍等外，还必须完善国际水法，以立法形式确立完善的、统一的国际河流生态补偿制度，这是确保在公平、合理、高效的原则下，落实国际河流生态环境保护的最有效手段。

二、健全的流域机构是流域生态补偿有序实施的组织保证

综观国际河流及国内跨区域河流生态补偿的成功实例，除完备的立法外，它们还有一个共同特点，即存在发挥组织、协调作用的流域管理机构。流域生态补偿要么涉及不同国家，要么涉及同一国家不同地方政府，各方间既存在共同利益，也存在各自不同的利益。

要协调利益冲突，需要一个机构居中组织、沟通，以消除误解和猜疑，促进各方合作。因此，有效的流域管理机构是流域生态补偿有序实施的组织保证。例如，在易北河流域生态补偿中，捷克和德国共同组成了8个专业小组，各司其职，各负其责。在哥伦比亚河流域生态补偿中，美国和加拿大成立工程委员会负责条约的监督和执行。在卡茨基尔－特拉华河流域生态补偿中，纽约市政府为执行生态补偿计划，成立了流域农业委员会，专门负责土地利用措施的改进，还成立了卡茨基尔流域开发公司，来具体负责流域的项目管理。在墨累－达令河流域生态补偿中，有3个机构负责流域管理工作，墨累－达令流域部级理事会是流域综合管理的最高决策机构。在流域部级理事会之下，为便于听取各方的建议、意见，及执行各项决议，又设立了墨累－达令河流域委员会和社区咨询委员会。前者为部级理事会的执行机构，后者为部级理事会的咨询协调机构。

三、协商是解决流域生态补偿相关问题的重要方式

无论是国际河流生态补偿，还是国内跨区域河流生态补偿，都适宜于在法律框架范围内以协商的方式来确定各方的权利及责任。例如，在补偿标准、补偿方式等的确定上，由于还没有统一、公认的生态补偿标准测算和评估方法，补偿方与被补偿方往往会根据不同的标准和方法给出截然不同的估算，再加之流域各国或各区域上、下游情况各有不同，强制适用统一的标准和方式，并不一定符合各自实际，最终也可能难以达到流域生态环境保护的目标。如果允许各方在平等、公正的基础上进行充分协商，达成各方都能接受的补偿标准和补偿方式，则不仅有利于各方利益冲突的协调，也有利于流域生态保护行为的顺利进行。以上几个实例也充分证明了这一点。例如，在澳大利亚墨累－达令河流域生态补偿中，农场主组成的食品与纤维协会和新南威尔士州的林务局以及马奎瑞河上游土地所有

者用"讨价还价"的形式就补偿标准、补偿方式等问题达成一致。在哥伦比亚河流域生态补偿中，为改善流域水资源状况，美、加两国经过多次协商，达成了《美国加拿大关于哥伦比亚河流的条约》，约定由美国补偿给加拿大因防洪引发的成本。在易北河流域生态补偿中，捷克和德国经过协商达成协议，约定由处于中下游的德国提供部分经费，两国共同整治易北河。

第五章　国际河流生态补偿制度的具体构建

美国加利福尼亚大学教授奥兰·扬指出，"在缺乏有效治理或者社会制约的情况下，理性和自利国家很难实现集体行动"[1]。在国际河流资源与环境保护上，约束机制的缺乏导致一些国家更愿意选择"搭便车"而不是国际合作，逃避责任而不是承担责任。因此，要推动流域国以生态补偿等方式进行国际合作以实施集体行动、担负起各国责任，灵活、合理、有效的国际河流生态补偿制度必不可少。如前所述，国际河流生态补偿制度构建存在理论和现实基础。但是，各种主客观原因的存在致使现实中国际河流生态补偿难以大量开展。要推动国际河流生态补偿的顺利进行，一方面需以共同利益为导向，加强信息共享、组织机构建设等方面的国际合作；另一方面，还必须完善国际水法，构建科学合理的生态补偿制度，以克服法律障碍。

第一节　国际河流生态补偿制度的构建路径

国际水法是不同国家、地区或国际组织间制定的，协调国家和国家、地区、区域组织等在开发、利用、保护和管理国际河流、湖泊、多国河流、跨界含水层等国际水资源上所产生的各种水事关系的公约、

---

[1]　Oran R. Young. International cooperation: Building regimes for natural resources and the environment [M]. Ithaca: Cornell University Press, 1989: 199.

条约、协定、规则等国际法律文件的总称。[1]国际水法的历史可以追溯至中世纪时期国家间签订的关于界河和多国河流在划分及利用方面的条约，而后随着一系列公约、条约的制定，河流国际化制度逐渐建立，产生了国际河流法。第二次世界大战之后，随着国际社会的剧烈变动，国际社会对国际河流的开发、利用、保护等问题更为重视，大量的涉水公约、条约得以签订，国际河流法得以扩展和充实，发展成为国际水法，成为国际法的一个分支。要构建国际河流生态补偿制度，一方面需要在国际公约等普遍性的国际法律文件中对其做原则性规定，以为国际河流生态补偿实践提供法律依据和保障；另一方面需要在贡献国和受益国间的生态补偿多边或双边条约中进行具体规定，以落实各方的权利和义务。

一、完善全球－区域性涉水条法

（一）全球－区域性涉水条法概况

目前，全球－区域性的涉水条法主要表现为国际公约、联合国会议文件、联合国国际法委员会文件、国际法学会文件、国际法协会文件、区域性公约等。

涉水的国际公约主要有《国际性可航水道制度公约及规约》《关于涉及多国的水电开发公约》《国际水道非航行使用法公约》《关于特别是作为水禽栖息地的国际重要湿地公约》等；涉水的联合国会议文件主要有《联合国经济、社会、文化权利委员会第 15 号一般性意见：水权》《里约热内卢环境与发展宣言》《21 世纪议程》等；涉水的联合国国际法委员会文件主要有《关于跨界封闭地下水的决议》《跨界含水层法草案》等；涉水的国际法学会文件主要有《国际水道非航行利用的国际规则》《国际河流航行规则》《关于国际

---

[1]　田向荣，孔令杰.国际水法发展概述［J］.水利经济，2012（2）：34-36.

非海洋水域利用的决议》等；涉水的国际法协会文件主要有《国际
河流利用规则》《国际河流防洪规则》《边界河流或跨国河流天然
可航水道的维护和改善规则》《国际水资源管理机构规则》《国际
水道流量调节规则》《关于跨界地下水的汉城规则》《关于水资源
法的柏林规则》等；涉水的区域性公约、议定书及法令主要有《跨
界水道和国际湖泊保护和利用公约》《工业事故跨界影响公约》《关
于水与健康的议定书》《关于工业事故对跨境水域之跨境影响所造
成损害的民事责任与赔偿的基辅议定书》《跨界环境影响评价公约》
《欧盟水框架指令》《南部非洲发展共同体关于共享水道的修订议
定书》等。[1]下文将对《国际河流利用规则》《国际水道非航行使
用法公约》及《跨界水道和国际湖泊保护与利用公约》等较具影响
力的国际法律文件做简要分析。

1.《国际河流利用规则》（也称《赫尔辛基规则》）

《国际河流利用规则》于 1966 年 8 月由国际法协会第 52 届大会
通过。《国际河流利用规则》分为"总则、国际流域水资源的公平利
用、污染、航运、木材浮运、争端的防止和解决办法"六章，共 37 条。
主要内容有：

第一，"国际流域"和"流域国"概念的明确界定。《国际河
流利用规则》在其第 2、3 条中提到"国际流域是一个延伸到两国或
多国的地理区域，其分界由水系（包括流入共同终点的地表和地
下水）的流域分界决定"，"流域国是指其领土是国际流域一部分
的国家"。

第二，国际河流水资源的公平合理利用原则的确认。第 4 条规定
了公平合理利用原则，"每个流域国在其境内有权公平且合理地分享
国际流域内水域利用的水益"。同时提出，该原则所指的"公平且合理"
至少需要考虑流域的地理情况、流域的水文情况、影响流域的气候因

---

[1] 水利部国际经济技术合作交流中心.国际涉水条法选编[M].北京：社会科学文献出版社，
2011：1-2.

素、流域水资源的利用情况、流域国的社会经济需求、每个流域国依赖流域水资源生活的人口等因素。

第三，流域国的义务。其一，在防治国际流域水污染上的义务。《国际河流利用规则》提出，各流域国在公平合理利用国际流域水资源的基础上，还应防止对国际流域造成新的污染或增加现有的污染程度；当国际流域在本国境内的河段出现污染时，应采取所有的合理措施减轻国际流域的污染程度，以不对其他流域国造成实质性损害；当流域国对国际流域造成了新污染或增加了现有的污染程度，该流域国应对受害的流域国进行赔偿。其二，通知义务及资料提供义务。《国际河流利用规则》认为，每一个流域国应向其他流域国提供与本领土上流域水资源及其利用活动有关的、合理的资料；流域国的任何建设工程或设施，如果可能会改变流域水情的，该国应特别向其利益会受到实质性影响的其他流域国提供基本情况、可能造成的影响等资料。

第四，沿岸国的权利。《国际河流利用规则》第13条、14条规定，可航运国际河流或湖泊的沿岸国在遵守《国际河流利用规则》各项限制条件的前提下，有权在河流或湖泊的整个可航运段自由航行；自由进入港口并使用港口的设施和船坞；在沿岸国的领土之间以及沿岸国领土和公海之间，直接或转船自由运输货物和旅客。

第五，争端的防止和解决办法。《国际河流利用规则》第六章规定，如果发生了与国际流域水资源现行或将来利用有关的问题或争端，建议流域国将争端提交给一个联合机构，由该机构对国际流域进行调查研究，提出计划或建议。如果不能通过以上方法解决问题或争端，建议流域国寻求第三国、国际组织或个人进行单独或联合介入调解。如果仍不能通过以上谈判、调解的方法解决争端，建议流域国成立一个调查委员会或专门的调解委员会，寻求一个可被各相关国家接受的方法，来解决彼此间的争端。以上各种方法均不能解决争端的，建议相关国家将法律争端提交专门的仲裁法庭或国际法院解决。

《国际河流利用规则》虽属国际法协会制定的文件，对各国不具法律约束力，但其中确定的某些规则对国际水法的发展有重大影响，许多国家以《国际河流利用规则》为参考文件，签订了大量关于国际河流的双边或多边条约，因此，《国际河流利用规则》被视为现代国际水法发展史上的第一座里程碑。[1]

2.《国际水道非航行使用法公约》

在国际水法领域，有关国际河流资源开发及环境保护的全球性公约主要为《国际水道非航行使用法公约》。

《国际水道非航行使用法公约》是世界上第一个专门就国际水道的非航行利用问题缔结的全球性框架公约。1970年，第25届联合国大会通过决议，建议国际法委员会研究国际水道非航行使用法，以期逐渐发展和编纂该方面的法律。历时20多年的研究、酝酿，国际法委员会拟出草案。1997年5月21日，第51届联合国大会以多数票通过了国际法委员会起草的《国际水道非航行使用法公约》[103票赞成，3票反对（中国、土耳其、布隆迪），27票弃权]。但是，由于公约规定，至少有35个国家批准、接受、同意或加入书交存后，公约方可生效。由于未能满足这一条件，公约一直未能生效，直到2014年5月19日越南签署了该公约，成为该公约第35个签约国，满足了公约规定的最少签字国数目的要求。2014年8月17日，即第35个国家签署90天后，该公约正式生效。中国至今没有加入该公约。

《国际水道非航行使用法公约》分为导言，一般原则，计划采取的措施，保护、保全和管理，有害状况和紧急情势，其他规定和最后条款七大部分，共37条。在这37条中，《国际水道非航行使用法公约》不仅对国际水道非航行使用的内容、方式和管理制度等做了较全面的

---

[1]　王明远，郝少英.中国国际河流法律政策探析［J］.中国地质大学学报（社会科学版），2018（1）：14-29.

规定，还详细规定了国际水道非航行使用的原则、义务。

第一，明确了适用范围，即适用于航行以外目的的国际水道及其水的使用，并适用于与使用这些水道及其水有关的养护和管理措施。

第二，采取了"国际水道"的用语。水道是指"地面水和地下水的系统，由于它们之间的自然关系，构成一个整体单元，并且通常流入共同的终点"，而国际水道是指"其组成部分位于不同国家的水道"，这进一步突出了国际河流的跨界性和整体性。

第三，规定了公平合理的利用和参与原则。《国际水道非航行使用法公约》将《国际河流利用规则》中的公平合理利用原则进一步发展为公平合理的利用和参与原则，在其第5条规定，"水道国应在各自领土内公平合理地利用国际水道。特别是，水道国在使用和开发国际水道时，应着眼于与充分保护该水道相一致，并考虑到有关水道国的利益，使该水道实现最佳和可持续的利用和受益。同时，水道国应公平合理地参与国际水道的使用、开发和保护。这种参与包括本公约所规定的利用水道的权利和合作保护及开发水道的义务"。公约不仅规定了公平合理利用原则，也提出了公平合理利用国际水道必须考虑的因素，即"地理、水文等自然因素，水道国的经济、社会等需求，依赖水道的人口数，一国的利用对他国的影响，国际水道的现有及潜在使用，水资源的养护及所需费用的承担，是否有替代办法的选择等"。

第四，明确了一系列义务。《国际水道非航行使用法公约》规定水道国在自己的领土内利用国际水道时，应采取一切适当措施，防止对其他水道国造成重大损害；水道国应在主权平等、领土完整、互利和善意的基础上进行合作，使国际水道得到最佳利用和充分保护；水道国应经常地交换关于水道状况，特别是水文、气象、水文地质等方面的数据和资料以及有关的预报；水道国对国际水道的任何利用相对于其他利用均不享有优先地位，除非有相反的协定或习惯等；水道国计划采取的措施如将对国际水道产生影响需向他国提供资料，进行协商或谈判；水道国计划采取的措施如对他国产生重大不利影响，需在措施采取前，向他国发出附有相关的技术数据、资料、环境影响评估结果等的通知，并给被通知国六个月的期限来评估影响，被通知国应在六个月内将结论尽早告知通知国，如不同意通知国拟采取的措施，需要列举理由，附上佐证说明；各水道国均有保护、保全和管理国际水道生态系统的义务，应该尽力预防、减少和控制污染；水道国有义务预防或减轻洪水、水传染病、干旱、荒漠化等有害于水道国的状况；水道国有义务将该国领土内发生的可能影响到其他水道国的紧急状况，采用最迅速方法通知可能受影响国，并采取实际可行的措施减轻和消除该紧急情况的有害影响。

第五，提供了详细的争端解决程序。《国际水道非航行使用法公约》第33条详细规定了争端发生后，各方应尽量以和平的方式解决争端；如果不能通过谈判达成协议，则可请第三方介入进行斡旋、调停或调解，或将争端提交仲裁或诉讼。

3.《跨界水道和国际湖泊保护与利用公约》

除了《国际河流利用规则》及《国际水道非航行使用法公约》，联合国欧洲经济委员会1992年3月通过的《跨界水道和国际湖泊保护与利用公约》这一区域性公约也具有较大的影响力。《跨界水道和国际湖泊保护与利用公约》因签订于赫尔辛基，又称作《赫尔辛基公约》。[1]

《跨界水道和国际湖泊保护与利用公约》分为序言、有关缔约各方的规定、有关沿岸缔约国的规定、机构及最后规定等部分，共28条。较《国际河流利用规则》及《国际水道非航行使用法公约》，《跨界水道和国际湖泊保护与利用公约》更强调以下事项：

第一，强调缔约国加强合作的重要性。《跨界水道和国际湖泊保

---

[1] 曾彩琳.国际河流公平合理利用原则：回顾、反思与消解 [J].世界地理研究，2012（2）：41-46.

护与利用公约》认为"跨界水道和国际湖泊的保护和利用是一项重要而又紧迫的任务，只有通过加强合作才能有效完成这项任务"，因此，在序言、第2条、第9条、第10条等多处规定，"各成员国在跨界水体的保护和利用上的合作主要通过毗邻同一水体的国家订立协议的方式来实施"；"沿岸国应平等和对等地进行协商，订立协议，加强双边或多边合作，保护跨界水体"；"沿岸国应在对等友好的基础上进行协商，加强合作"，等等。

第二，提出防治跨界水污染的原则。《跨界水道和国际湖泊保护与利用公约》指出，缔约各国应采取所有的适当措施防止、控制及减少跨界水体污染。在采取措施时，应遵守预警原则、谁污染谁治理原则、不损害后代人利益原则等。

第三，强调缔约国信息交换的义务。沿岸各国应就跨界水体的环境状况，排放及检测数据，已采取及计划采取的防止、控制和减少跨界影响的措施等交换信息。

第四，在争端的解决方式上提出建议。《跨界水道和国际湖泊保护与利用公约》提供了两种解决方式：其一，缔约方通过谈判或缔约方都能接受的其他方法解决争端；其二，在不能以谈判等方式解决争端时，缔约方应将争端提交国际法院或仲裁法庭。

（二）全球-区域性涉水条法中存在的问题

国际河流流经或分割了不同的国家，从人类社会利用国际河流的历史来看，国际河流所处的上游地带多为山高坡陡、人烟稀少的场所，因此，上游国对国际河流的开发、利用较晚。近些年，来随着经济增长、人口增多，可利用的水资源日渐稀缺，这才产生了开发、利用国际河流水资源的需求。而河流的中下游多为地势平坦、土壤肥沃的地带，开发利用的条件较好，因此，国际河流中下游国对国际河流开发、利用时间较早，开发、利用面较广。围绕国际河流的开发利用等问题，中下游国也达成了较多的条约或协定，这奠定了早期国际水法的基础，即国际水法内容主要以保护中下游国利益为核心。例如在《国际水道非航行使用法公约》等有较大影响力的国际公约中，倾向于保护下游国或既得利益国的利益，对上游国开发利用国际水道施加了较多约束，因此，中国等上游国不仅在 1997 年 5 月第 51 届联合国大会上对《国际水道非航行使用法公约》投了反对票，至今也未成为该公约的签约国。

1. 强制争端解决程序有侵犯国家主权之嫌

《国际水道非航行使用法公约》第 33 条第 3—9 款规定，如果两个或两个以上缔约方对本公约的解释或适用发生争端，而它们之间又没有此方面的协定，自一方提出谈判请求满六个月后，如果缔约国仍未进入谈判或其他争端解决程序，经任一缔约国要求，都可设立一个事实调查委员会。当事各方有义务向委员会提供它可能需要的资料，并经委员会请求，允许委员会为调查目的进入各自的领土和视察任何有关的设施、工厂、设备、建筑物或自然特征。该条款关于强制调查的规定是在参考一些欧美和拉美国家建议的基础上产生的，属于《国际水道非航行使用法公约》的独创。该条款规定被视为将产生侵犯各流域国主权的后果，因而在表决中很多国家投了反对票。此外，《国际水道非航行使用法公约》第 33 条第 10 款规定："不是区域经济一体化组织的缔约方在批准、接受、核准或加入本公约时，或在其后任何时间，可向保存人提交书面文件声明，对未能根据第 2 款解决的任何争端，它承认下列义务在与接受同样义务的任何缔约方的关系上依事实具有强制性，而且无须特别协议：（a）将争端提交国际法院；和（或）（b）按照本公约附录规定的程序（除非争端各方另有协议）设立和运作的仲裁法庭进行仲裁。本身是区域经济一体化组织的缔约方可就按照（b）项进行仲裁一事做出大意相同的声明。"也就是说，水道国对国际法院或者仲裁法庭管辖的接受与否，由各国自行决定，但一经声明接受，即受拘束。这一规定也被某些国家认为有侵犯国家独立主权之嫌，因而屡遭批驳。[1]

2. 未能妥善平衡上、下游国利益

《国际水道非航行使用法公约》等国际法律文件中规定了流域国享有的重要权利和应承担的义务，例如公平合理利用国际河流、不造成重大损害等。这些权利和义务从表面上看同等适用于上、下游国，但是从客观效果来看，下游国的开发、利用等权益会比上游国受到更多限制，国际水法并未能够妥善平衡上、下游国的权益。

（1）公平合理利用原则的理想与现实

长期以来，在国际河流的开发利用中，下游国的权益较上游国更被关注和重视。因为河水的源头在上游国境内，上游国的行为，无论是自然事件，还是人类活动，都将对下游国家的水资源状况造成一定程度的影响。例如，上游国对水资源的大量开发、对河流的排污、意外事件导致的重大污染都有可能改变下游国所获水资源的水量、水质。因此，为保护下游国的利益，在现有的国际公约及惯例中，制定了很多原则和义务性规定。例如，《国际水道非航行使用法公约》明确规定了公平合理利用原则。对如何分配、利用才属"公平合理"，《国际水道非航行使用法公约》列举了适用公平合理利用原则时应考虑的相关因素和情况，大致包括地理、气候、水文、生态等自然因素，水道国的社会和经济需要，水道国对水道的现有和潜在使用情况，水道水资源的养护、保护、开发和节约使用以及为此而采取的措施的费用，是否存在价值接近的其他替代方案等方面。但是，各项因素在适用时孰先孰后、孰轻孰重，《国际水道非航行使用法公约》却未明确规定，以至于公平合理利用原则在实践中缺乏可操作性，难以解决实际问题，也常被下游国用作限制上游国开发、利用行为的一个理由。[2]

[1] 张晓京.《国际水道非航行使用法公约》争端解决条款评析 [J].求索，2010（12）：155–157.

[2] 黄锡生，曾彩琳.跨界水资源公平合理利用原则的困境与对策 [J].长江流域资源与环境，2012（1）：79–83.

（2）其他规定在运用中对上游国利益的忽略

《国际水道非航行使用法公约》在第 7 条规定了不造成重大损害的义务，这一义务虽同等适应于上、下游国，但是从立法目的和效果来看，也是更有利于保护下游国，而对上游国行使开发、利用权利造成一定程度的限制。因为河水的源头在上游国境内，上游国的行为，无论是自然事件，还是人类活动，都将对下游国家的水资源状况造成一定程度的影响。例如，上游国家对水资源的大量开发、对河流的排污、意外事件导致的重大污染都有可能改变下游国家所获水资源的水量、水质。上游国的开发、利用行为确实需要在审慎的情形下进行，做好环境影响评价，不对下游国造成重大损害。对于上游国造成的轻微损害，下游国也应有一定的容忍义务。但是，现实恰恰是下游国常以不造成重大损害为由拒绝上游国的一切开发、利用行为。

此外，国际公约及惯例中也规定了通知、磋商、数据和信息交流的义务，保护和维护生态系统的义务等。这些义务同不造成重大损害义务一样，虽然属于上、下游国都应履行的义务，但从设定初衷看，其主要针对上游国的开发、利用行为，强调上游国开发和利用跨界水资源时的通知和磋商义务、数据和信息交流的义务，以及造成损害时的损害赔偿义务。在实践中，经常有下游国利用这些制度反对上游国的开发、利用计划，以达到限制上游国开发、利用行为，保护下游国既得利益的目的。下游国的利益在国际水法及实践中被给予了充分的关注，反之，上游国的利益却在无形中被忽略，包括《国际水道非航行使用法公约》在内的国际公约、惯例及其他国际水资源法律文件中均没有规定生态补偿制度，下游国往往将上游国的生态保护行为和自我约束限制行为视为"应然"，这不利于激发上游国实施生态保护行为，以改善流域生态环境状况，实现流域资源环境的可持续发展。[1]

［1］　黄锡生，曾彩琳.跨界水资源公平合理利用原则的困境与对策［J］.长江流域资源与环境，2012（1）：79-83.

（三）促进全球－区域性涉水条法的完善，平衡上、下游国利益

如前所述，目前主流的国际水法制度存在很多不可忽视的问题，要使它们获得大多数流域国的认可，促使更多的流域国参与到国际河流的开发、管理及保护中来，就必须不断完善国际水法的具体制度，将目前国际水法中的公平合理利用原则真正落到实处，实现包括上游国、下游国在内的全流域国家在国际河流开发、利用及保护上权利与义务的均衡。

1. 对公平合理利用原则进行更合理的解释，并通过具体制度予以落实

（1）厘定公平合理利用的内涵

公平是法所追求的基本价值之一，但对于什么是公平，至今没有形成一个公认的概念。罗尔斯指出"正义的首要主题是社会主要制度分配权利义务，决定由社会合作产生的利益之划分的方式"[1]；德沃金认为"公正就是确定人们应享有哪些权利，从而确保人们受到合乎权利要求的对待"[2]；王海明主张"公平为等利（害）交换关系""社会对权利和义务的分配构成了社会公正的根本问题"[3]。本书认为，权利和义务是法律关系的核心内容，因而从法的实践层面看，公平应表现为权利、义务的一致性。国际河流水资源的公平利用也应如此。在开发使用权上，各国有在其领土内利用国际河流水资源的权利，同时也要承担不对其他流域国造成重大损害的义务；在水量分配上，公平利用并不一定意味着水量的均等分配，水量分配的多寡要视各流域国承担义务的具体情况，如对水量的贡献、对生态环境保护的投入等，来具体考量。

[1] 约翰·罗尔斯.正义论[M].何怀宏,何包钢,廖申白,译.北京:中国社会科学出版社,2009:6.
[2] 罗纳德·德沃金.至上的美德:平等的理论与实践[M].冯克利,译.南京:江苏人民出版社,2003:573.
[3] 王海明.公正 平等 人道——社会治理的道德原则体系[M].北京:北京大学出版社,2000:39-40.

合理是指"合乎道理或事理"[1]。判断人的行为是否合理有两条基本标准：一是合乎需要，即合乎人类的需要；二是合乎规律，即合乎自然规律和社会关系的发展规律。[2]水资源是一种稀缺资源，也是一种环境资源，其总量有限，地区分布不均，而且有一定的承载极限，因此，对国际河流水资源的利用必须合理，即要对国际河流水资源进行合乎人类需要和合乎自然、社会发展规律的利用，不能超过水资源的承载极限，不得损害水资源的再生能力，不对水资源进行污染和浪费，不对其他国家的合理利用造成严重影响。各国在开发、利用国际河流水资源时，应着眼于充分保护该水域，并考虑到其他当事国的利益，使该水域实现最佳和可持续的利用和受益。

如上所述，公平利用和合理利用侧重点不同，前者侧重于国际河流水资源的开发利用权、水量分配等方面，后者侧重于国际河流水资源的水质保障、水量节约、水生态养护等方面，但其实质最终都体现为权利、义务的一致性，即各国有在其领土内利用国际河流水资源的权利，同时也要承担相应的义务，不得剥夺其他国家在其领土内利用国际河流水资源的权利，不对国际河流水资源进行损害和浪费。

（2）厘清优先权顺序

公平合理利用原则不仅是国际水法的一项基本原则，也是具体权利的分配标准，所以它在具备一项原则的灵活性、包容性的同时，还应该具有一定的确定性和可预期性。由于国际水法中只是列举了与公平合理利用有关的因素，而未就这些因素的优先权顺序作进一步说明，这导致公平合理利用原则的评价标准模糊，在实践中不具有可操作性，因此，国际水法应进一步厘清必要的优先权顺序，以使公平合理利用原则的评价标准更为明确。

第一，人类的基本需求应被放在最优先的地位。水资源，如饮用

---

[1]　中国社会科学院语言研究所词典编辑室.现代汉语词典（第7版）[M].北京：商务印书馆，2016：524.
[2]　周世中.法的合理性研究[M].济南：山东人民出版社，2004：23-26.

水和灌溉用水等，是人类生存和发展的基本物质，因此当可利用的水资源不能满足所有目标的需求时，必须首先满足人的基本需求，这样才能确保最低限度的公平的实现。

第二，生态系统的需求也应优先满足。为维护流域生态系统平衡，必须保证整个流域的生态环境需水量，以使水资源得到可持续利用。生态环境需水量是维持流域正常功能所必需的水流量。国际上通常认为，对河川全年径流量的直接消耗不得超过40%，否则对其生态体系会有严重影响。[1]

第三，对流域的水量贡献应成为分水方案的重要考虑因素。流域的水量是由各流域国贡献的，按照权利、义务相一致的原理，各流域国对流域的水量贡献越多，其在水量分配等方面享有的权益也应相应增加。[2]

第四，历史利用不宜成为优先考虑因素。流域下游地区比上游地区有更好的水资源开发、利用条件，因而其对国际河流水资源的开发、利用一般较上游地区早。当上游国后来的水资源开发计划影响到下游国的习惯用水时，经常遭到下游国反对，对此，实践中大多仍参照惯例，优先保护现有的水资源合理利用，这从另一侧面剥夺了上游国平等的开发、利用权，不符合国际河流水资源的公平合理利用原则，因而不宜将历史利用作为优先考虑因素。[3]

优先满足了人类基本需求和生态系统需求等用水需求后，剩余的水量在各流域国间如何分配，不能一概而定，各流域的客观情况差异很大，不适宜"一刀切"，而应本着权利、义务相一致的精神，根据各国的实际需求、有无替代水源、对流域的贡献等具体情况来综合确定。

---

[1] 何大明，冯彦.国际河流跨境水资源合理利用与协调管理［M］.北京：科学出版社，2006：60-68.

[2] 杨恕，沈晓晨.解决国际河流水资源分配问题的国际法基础［J］.兰州大学学报（社会科学版），2009（4）：8-15.

[3] 黄锡生，曾彩琳.跨界水资源公平合理利用原则的困境与对策［J］.长江流域资源与环境，2012（1）：79-83.

2. 完善其他各项制度，助力利益衡平的实现

目前国际水法中通知和磋商制度、损害赔偿制度等已明确规定，但受益补偿制度、公众参与制度等尚未得到充分体现，这不利于"公平合理利用"的真正实现，必须完善相应制度，使公平合理利用原则落到实处。

（1）建立受益补偿制度

补偿应是一种全方位的补偿，不仅包含一国对另一国造成损害时的损害补偿，也应包括一国因另一国的贡献获有利益时的受益补偿。目前，《国际河流利用规则》《国际水道非航行使用法公约》中已明确规定对水污染负有责任的国家应对同流域国所受损失提供赔偿或补偿，但未体现受益补偿，这不利于激励各流域国对国际河流水资源及生态环境进行保护和改善。因此，国际水法中应确立受益补偿制度，明确贡献国可从受益国处获得相应补偿。

具体而言，应将《国际水道非航行使用法公约》第 7 条作相应修改。第 7 条第 1、2 款原为："1. 水道国在自己的领土内利用国际水道时，应采取一切适当措施，防止对其他水道国造成重大损害。2. 如对另一个水道国造成重大损害，而又没有关于这种使用的协定，其使用造成损害的国家应同受到影响的国家协商，适当顾及第 5 条和第 6 条规定，采取一切适当措施，消除或减轻这种损害，并在适当的情况下，讨论补偿的问题。"在此基础上，可增设第 3 款，即"3. 水道国实施资源保护和生态保护行为，给其他水道国提供生态利益，受益的水道国应给予适当补偿"。

从公正角度出发，受益补偿制度应同等适用于上、下游国家，当上游国通过植树造林、调整产业结构等方式改善了流域环境质量时，下游国应给予相应补偿。同时，当下游国对流域做出积极贡献，上游国获有利益时，上游国也应进行相应补偿。[1]

---

[1]　黄锡生.论国际水域利用和保护的原则及对我国的启示——兼论新《水法》立法原则的完善［J］.科技与法律，2004（1）：96-99.

（2）明确公众参与制度

设立公众参与制度的目的在于保障国际河流水资源合理利用的实现。1997 年《国际水道非航行使用法公约》将"公平合理利用原则"发展为"公平合理的利用和参与原则"，但其参与仅指"水道国应公平合理地参与国际水道的使用、开发和保护"，不包括公众参与，这不利于国际河流水资源合理利用的真正实现。国际河流水资源开发涉及流域各国的共同利益，不仅应有相关流域国的决策者参与，水文学家、经济学家、环保学家等专业人士的参与，也应吸收那些健康、财产及生存环境等可能受到水资源开发影响的公众参与，听取他们的意见，保障他们的利益。公众的利益如得不到体现，甚至被损害，势必会影响到他们在保护水资源、维护流域生态环境等方面的积极性，甚至可能采取行动阻碍水资源开发和保护项目的实施，以致最终影响到国际河流水资源合理利用的实现。因此，有关国际河流水资源开发利用的公约或条约中应明确公众参与制度，规定公众参与决策的方式和途径，使他们的利益能真正得到体现。

（3）实施损害预警制度

损害预警制度的实施有助于实现国际河流水资源实质意义上的公平和合理利用。有关国际河流水资源利用和保护的许多国际法律文件中都规定了损害赔偿或补偿制度，但是事后救济不如事前防范，造成损害之后才去补救，会花费高昂的代价，往往还无法恢复到事件发生之前的状态，因此损害预警制度的建立和实施十分重要。各国在开发、利用国际河流水资源前，应制定水资源监测预报方案和事故、灾害应急方案，加强信息监测、传递、分析处理等，尽可能防止损害的发生，一旦损害不可避免地发生，应及时启动应急方案，尽量避免损失的扩大，这样才能保证国际河流水资源最终得到保护和合理利用。

除以上制度外，基础调查制度、流域规划制度、环境影响评价制度、权利救济制度等，对保障国际河流水资源的公平合理利用也有非常重要的意义，应当在国际水法中予以规定和完善。[1]

二、缔结流域生态补偿条约

多边条约及双边条约是国际水法的主要渊源。除国际公约等普遍性的国际法律文件外，流域各国还必须根据国际河流的特点缔结流域条约、协定，以约定在国际河流开发、利用及保护过程中的权利与义务。

流域水条约的历史可以追溯到公元前 4500 年。底格里斯河、幼发拉底河流域的两个城邦国拉加什和乌姆马在那时发生水争端，为了结束这次争端，两国签订了水利合作条约。[2]自此以后，世界各国签订了大量与水相关的条约和协议。在内容上，流域水条约也涉及多个方面。最初，条约缔结的目的只是保障流域国平等的航行权、灌溉权、对鱼源的合理分享、水电开发等各种利用权。20 世纪 60 年代后，随着国际河流的开发、利用，资源环境问题日益严重，各大洲的国家之间制订了一系列专门保护国际河流或湖泊的条约。

例如，在北美洲，美国和加拿大于 1972 年在渥太华缔结了《美国和加拿大关于大湖水质的协定》，此协定内容较为全面，对协定缔结的宗旨、一般水质目标、特定水质目标、水质标准及管理要求、达到水质目标的计划及措施、国际联合委员会的权力与责任、与水质有关的数据和资料的提交和交换等都作了切实的规定，为美、加两国控制和减轻大湖污染，改善大湖水质提供了基本法律依据。

在南美洲，1978 年制定于巴西利亚的《亚马孙河合作条约》在第 1 条就申明该条约缔结是为推动各缔约国采取共同行动以促进亚马孙地区的和谐发展，使该地区的环境受到保护，自然资源得到合理利用

---

[1]　黄锡生，曾彩琳.跨界水资源公平合理利用原则的困境与对策[J].长江流域资源与环境，2012（1）：79-83.

[2]　何艳梅.刍议国际水条约[J].水资源研究，2007（3）：88-89.

和有效保护。

在欧洲，1999 年制定于波恩的《莱茵河保护公约》规定，各缔约国应结合莱茵河的实际情况，采取共同全面整治的方法，相互配合与协作，使整个莱茵河的生态系统逐步达到可持续发展的水平；1994 年订立于索非亚的《多瑙河保护与可持续利用合作公约》强调为实现多瑙河保护与可持续利用的目标，各缔约方应尽可能广泛地在集水区内保护、改善和合理利用地表水和地下水，同时尽力控制对水有害的物质、洪水及冰害引起的事故灾害；1994 年制定于沙勒维尔－梅济耶尔的《比利时、法国和荷兰关于保护默兹河的协定》规定，各缔约方本着睦邻的精神，充分考虑各缔约方的共同利益与特殊利益，为保护和改善默兹河水质展开合作，并成立保护默兹河、防治其污染的国际委员会。

在亚洲，有关国际淡水资源利用和保护的条约主要有 1960 年的《印度和巴基斯坦关于印度河的条约》、1977 年的《孟加拉国和印度关于分享恒河水和增加径流量的协定》和 1995 年的《湄公河流域可持续发展合作协定》等。

在非洲，对淡水资源的开发、利用和保护规定得比较全面的条约有 1964 年的《乍得湖流域开发公约和规约》和 1987 年的《关于共同赞比兹河系统的完善环境管理行动计划的协定》等。[1]

以上区域性公约和多边、双边条约对国际河流生态环境的改善起到了积极作用。要使国际河流生态补偿落到实处，也需在贡献国和受益国间订立生态补偿条约。"一条河流一个制度"，每条国际河流都有自己的地域范围和自己的水系特点，即使同一条河流，在不同的时期，自然特征也常不同。因此，即使在普遍性的国际法律文件中规定了国际河流生态补偿制度，仍需要在流域国间签订相应的生态补偿条约，以明确补偿标准、补偿方式、补偿的组织机构、救济方式等重要问题。

[1] 邵沙平.国际法［M］.北京：中国人民大学出版社，2007：507.

第二节　国际河流生态补偿制度应追求的价值目标

一、价值的含义

要界定国际河流生态补偿制度的价值目标，一个必要的理论前提是厘清"价值"的含义。"价值"是一个宽泛、抽象的概念。对于什么是"价值"，哲学、经济学、政治学、法学等各学科领域都进行了广泛的探讨，观点纷呈。正如著名的价值论学者富兰克林所指出的："价值及其同源词、复合词，以一种被混淆和令人混淆而广泛流行的方式，应用于我们的当代文化中——不仅应用于经济和哲学中，也应用于其他社会科学和人文科学中。"[1]

在法学领域中，法律的价值问题是其无法回避的问题，"在法律史的各个经典时期，无论在古代和近代世界里，对价值准则的论证、批判或合乎逻辑的适用，都曾是法学家们的主要活动"[2]。对于法应具备何种价值，一般认为，法的价值应是作为客体的法对作为主体的人的需要、目的与能力的满足与适应。首先，法的价值主体是人。其次，法的价值客体是法。最后，法的价值是以法的属性为基础的，即法有能够满足人类社会成员需要的属性。

法的价值具有两大特征。第一，多元性。对于作为客体的法能满足作为主体的人的哪些需要，众说纷纭，学者们从不同角度提出法的价值有自由、正义、秩序、安全、平等、效率等，这也体现了法的价值的多元性。因为，法调整的是多种多样的社会关系和千差万别的人的需求，所以其价值目标的多元性成为必然，例如，秩序、自由、效率和正义都是其重要的目的价值。第二，有序性。法的价值内容可以是多方面的，但这些价值应该是有层次的，当那些低位阶的价值与高

［1］　卓泽渊.法的价值论［M］.2版.北京：法律出版社，2006：8.

［2］　罗·庞德.通过法律的社会控制、法律的任务［M］.沈宗灵，董世忠，译.北京：商务印书馆，1984：55.

位阶的价值发生冲突时，高位阶的价值就会被优先考虑。处于第一层次的应该是法律的两大基本价值，即秩序和正义，它代表了人类最为本质的价值观念；其他价值内容处于相对较低的层次，如正义中包含自由、平等、安全、效率和人权等内容。正如有学者指出的，"秩序的价值在于赋予或维系社会关系和社会体制的模式和结构，从而为人类的生活与活动提供必需的条件。正义所关注的则是这些模式与结构的性质、内容和目的，是人们追求社会生活公正合理的实质、质量和理想。正义的社会秩序意味着安全、平等和自由"[1]。美国法学家博登海默也认为，一项法律制度若要恰当地完成其职能，就不仅要力求实现正义，而且还必须致力于创造秩序，因为"秩序的维持在某种程度上是以存在着一个合理的健全的法律制度为条件的，而正义则需要秩序的帮助才能发挥它的一些基本作用。为人们所要求的这两个价值的综合体，可以用这句话加以概括，即法律旨在创设一种正义的社会秩序"[2]。因而，本书将"秩序"与"正义"作为主要的价值予以论述，而不涉及其他价值问题。[3]

正义存在于社会关系中，从内容上看，体现为平等和公正。正义是法追求的目标，它既推动了法律内部结构的完善，也增强了法律的实效。秩序，是法的基础价值，博登海默认为，秩序"意指在自然进程和社会进程中都存在着某种程度的一致性、连续性和确定性"[4]。正义和秩序是法追求的首要价值。国际河流生态补偿制度作为一项法律制度，不能脱离法律价值之公平、秩序的范畴，但必须具有其独特的解释。结合国际河流生态环境现状，本书认为，国际河流生态补偿制度的价值目标就可描述为实现生态正义和生态秩序两大方面。

---

[1]　乔克裕，黎晓平.法律价值论［M］.北京：中国政法大学出版社，1991：145.

[2]　E.博登海默.法理学：法律哲学与法律方法［M］.邓正来，译.北京：中国政法大学出版社，1999：318.

[3]　葛洪义.法理学［M］.3版.北京：中国人民大学出版社，2011：47.

[4]　E.博登海默.法理学：法律哲学与法律方法［M］.邓正来，译.北京：中国政法大学出版社，1999：219.

二、生态正义

生态正义，也称环境正义或绿色正义，是指一切人，不分时代、性别、种族、文化，不论其经济和社会地位，都享有安全、健康、富有活力、可持续发展的环境的权利。生态正义是正义理念在环保领域的延伸和突破，关注的核心问题在于公平地在主体之间分配生态权益或分摊生态责任。

在国际河流生态补偿中，生态正义是首要的价值追求，可从三个维度理解。

（一）代内正义：流域国生态利益的公平享有和生态责任的公平承担

代内正义，指代内的所有人，不分国籍、民族、种族、性别、职业、宗教信仰、受教育程度、财产状况，都有平等的利用自然资源和享受良好的生活环境和生态环境的权利，同时又都有公平的承担环境保护责任的义务。简言之，代内正义所关注的核心是当代人如何公平地在生态利益主体之间分配生态权益和分摊生态责任。

代内正义既包括国家内部的代内正义，也包括国家间的代内正义。也就是说，在一国内部，国民享有平等的利用生态环境资源和不受不良环境伤害的权利；在国家之间，各国在自然资源利益分配和责任承担上也应该平等、公正。

在国际河流利用和保护上，从代内正义出发，上、下游国都有公平享有国际河流资源利益的权利，同时也有分担国际河流生态环境保护责任的义务。但是，上、下游国的资源利用权益在实现上存在一定的矛盾。上游国由于其所处的地理位置，在国际河流的开发、利用中占据较主动的地位。要保护上游国的国际河流资源利用权益，就应允许其对国际河流进行符合本国利益的开发、利用，但这种开发、利用如果不加以限制，很可能造成流域水源污染、水量短缺，损害下游国的国际河流资源利用权益。下游国大多为人口比较密集，工业化、城市化水平较高的国家，其经济发展对水资源总量的需求较大，对水资源质量的要求较高。要保障下游国的国际河流资源利用权益，就必须限制上游国的某些开发、利用行为，这反过来又妨碍了上游国公平享有国际河流资源利益的权利的实现。而且，流域环境保护需要进行大量投入，又将加大上游国的负担。[1]

要解决这一矛盾，就应建立国际河流生态补偿制度。上游国所处地带大多是水源涵养区和径流汇流区，对流域整体水生态环境的影响较大。因而，上游国承担了比下游国更重、更关键的流域资源环境保护和建设义务。从流域的整体利益出发，上游国需要对开发、利用行为进行自我约束或限制，并进行生态保护投入，这是它所居地理位置赋予它的责任。与此同时，为了反映流域水环境保护和建设的价值，保护上游国的积极性，以实现生态保护和建设的可持续性，对上游国的损失或作出的贡献也应予以补偿，这是解决上、下游国国际河流资源权益矛盾的需要，是正确处理流域当前利益与长远利益关系的需要，也是社会公平发展的需要。

（二）代际正义：国际河流水资源的可持续利用

代际正义，又称为世代间公平（正义），指人类作为物的一种，我们与同代的其他成员以及过去和将来的世代一道，共有地球自然、文化的环境。在任何时候，各世代既是地球恩惠的受益人，同时也是将来世代地球的管理人或受托人。为此，我们在享有利用地球的权利的同时，也负有保护地球的义务。代际正义最早是由美国魏伊丝教授提出的。她认为，代际正义体现的是现在与未来之间的正义，因而其含有两个方面的意思。一是现代人对未来人的健康生存与持续发展负有不可推卸的责任。因为时空上的非同一层面，为了未来的子孙后代

---

[1]　刘玉龙.生态补偿与流域生态共建共享［M］.北京：中国水利水电出版社，2007：88.

的环境利益，现代人不能完全放纵自己的欲望，过度索取，导致未来的子孙后代的环境利益被提前透支。现代人的生活、消耗给未来人造成高昂的代价，现代人应理性地对待自己的行为。二是不能完全要求现代人为未来人牺牲自己的利益。现代人不能因噎废食，对应享受的环境利益弃而不用，环境正义的代际正义就要在不同年代的人们之间为此寻找一种平衡点。[1]这个平衡点就是可持续发展。

可持续发展是既满足当下人的需要又不对后人满足其需要的能力构成威胁和危害的发展，是经济、社会和环境相协调的发展。第二次世界大战后，随着各国经济的迅速增长，生态环境也日益恶化，公害事件频频发生。从20世纪60年代开始，人类社会开始深刻反思传统的经济发展模式，积极探索既能实现经济发展，又能有效地保护环境的新发展模式。在此种背景下，"可持续发展"这一新型的发展观应运而生。1972年，联合国人类环境会议在瑞典首都斯德哥尔摩召开，在会议上，"可持续发展"概念被正式讨论。自此以后，各国致力于界定"可持续发展"的含义。1987年，世界环境与发展委员会主席布伦特兰夫人在其报告《我们共同的未来》中，提出"可持续发展是既能满足当代人的需要，又不对后代人满足其需要的能力构成危害的发展"，这个定义得到了国际社会的广泛认可。1992年，在巴西里约热内卢举行的"地球首脑会议"上，与会各国通过了以可持续发展为核心的《21世纪议程》《里约热内卢环境与发展宣言》《联合国气候变化框架公约》等一系列文件，这是"可持续发展"从理论走向实践的一个转折点。自此，可持续发展为世界各国所广泛认同和普遍接受。

可持续发展的内涵表现为：第一，可持续发展是持续的发展。可持续发展首先强调的是发展，发展是根本，没有经济、社会的可持续发展就谈不上人们生活水平的提高和社会的全面进步。尤其是对于某

---

[1]　爱蒂丝·布朗·魏伊丝.公平地对待未来人类：国际法、共同遗产与世代间的公平［M］.汪劲，等，译.北京：法律出版社，2000：42.

些贫穷的发展中国家而言，发展是第一位的，经济的持续增长是维持人民生存权和发展权的前提条件。只有增长经济，消除贫穷，才能谈及其他。第二，可持续发展是协调的发展。可持续发展强调发展，但是这种发展不能以牺牲资源和环境为代价。自然资源的存量和环境的承载能力是有限的，经济增长不能以耗竭资源、损坏环境为代价来实现。而是应该在发展经济的同时，可持续地利用物种和资源，保护生物多样性，强调资源和环境保护，避免资源枯竭、环境恶化，最终实现经济、社会和环境的协调发展。第三，可持续发展是公平的发展。可持续发展是一种机会、利益均等的发展，所有人都享有以与自然和谐相处的方式过健康而富有生产成果的生活的权利。它包括代内公平和代际公平，不仅在代内实现区际的均衡发展，即一个国家、地区的发展不应以损害其他国家、地区的发展为代价；也包括代际间的均衡发展，即承认后代人的发展机会与当代人相等，不能一味追求当代人的发展与消费而损坏后代人的发展能力。

在国际河流水资源利用及保护中，伴随着水危机的出现，水资源对各流域国的价值越来越重大。因此，生态补偿制度设置的价值目标就是实现流域水资源的可持续利用。首先，通过制度构建实现国际河流水资源利用的持续性。国际河流水资源作为环境的一个重要因素，是各流域国的共同财富，是各流域国经济发展和人民生活水平提高必不可少的重要资源。要保障国际河流水资源得以持续利用，就不能只讲究开发、利用，而必须对其进行保护。一方面，流域国应加大经济和科技等方面的投入，并通过植树造林、设立自然保护区等具体举措维护流域生态环境；另一方面，流域国也要通过放弃大坝建设、产业转移等自我限制行为减少对国际河流水量、水质等方面的负面影响。流域国如实施以上行为，将付出成本或丧失机会利益，其他受益国如不给予相应补偿，则不利于激发贡献国保护国际河流生态环境的积极性，甚至使贡献国放弃这些行动。反之，其他受益国如进行补偿，一方面，能激励贡献国继续进行生态投入；另一方面，受益国则因为有付出，也会加倍珍惜国际河流生态环境。这样，客观上促使各流域国共同努力来保护国际河流水资源和生态环境，最终有利于国际河流水资源和生态环境的可持续利用和发展。其次，通过制度构建实现国际河流水资源利用的公平性。国际河流为各流域国的共享资源，各国既享有开发、利用的权利，也负有妥善保护的义务。在国际河流生态保护上，某些流域国如上游国付出了成本理应获得补偿，受益国获有利益理应给予补偿，只有如此，才能实现贡献国和受益国在流域生态保护和资源利用过程中付出和收益的平衡，体现可持续发展的公平性原则，最终为可持续发展的实现提供必要的保障。

总而言之，国际河流生态补偿制度设置的价值目标就是实现国际河流水资源的可持续利用，通过可持续利用实现现代际间的正义，这样不仅能满足当代各流域国的用水需求，同时也能不对后人满足其水需要的能力构成威胁和危害。为达成这样的价值目标，就需要在构建国际河流生态补偿制度时，设置科学合理的制度措施激励各流域国进行生态投入，维系和恢复自然生态环境的生态服务功能，为可持续发展的实现提供物质基础。

三、生态秩序

秩序，与"无序"相对。按照《辞海》的解释，"秩，常也；秩序，常度也，指人或事物所在的位置，含有整齐守规则之意"[1]。法学意义上的秩序是指在自然进程和社会进程中都存在着某种程序的一致性、连续性和确定性。[2]因此，一般而言，秩序可以分为自然秩序和社会秩序。

---

[1] 《辞海》编辑委员会.辞海[Z].上海：上海辞书出版社，1989：1972.
[2] E.博登海默.法理学：法律哲学与法律方法[M].邓正来，译.北京：中国政法大学出版社，1999：219.

无

传统法律价值寻求建立的秩序是人类社会的秩序，实现人与人间的和谐相处，认为"消除社会混乱是社会生活的必要条件"，"必须先有社会秩序，才能谈得上社会公平"。[1]

随着生产力的提高和科学技术的迅猛发展，人类凭借越来越先进的劳动工具和科学技术进一步认识自然并违背自然规律过度地改造自然，人类某些不可持续的生产方式和生活方式"毁坏着人类赖以发展的自然基础，威胁着地球生物圈的可居住性，恶化着生物物种永续生存的自然条件，瓦解着生存了几十亿年的地球生物圈"[2]，生态环境污染和破坏的问题越来越严重，震惊世界的公害事件不断发生。人类社会开始反思，逐渐认识到要解决生态危机，必须对原初和谐生态秩序进行复位。

生态秩序是指人类社会发展进程中围绕环境而建立的某种稳定、有条理、不混乱的状态。生态秩序主要包含两个层面：一是人与人之间对环境利用的秩序，二是人利用环境的秩序。前者表现的是人与人之间的关系，后者表现的是人与环境之间的关系。而且，人与人之间对环境利用的良好秩序的形成须以人类利用环境良好秩序的形成为基础和前提。如果人类与环境间是无序的，人与人之间对环境利用的秩序也不可能是良好的。[3] 在国际河流的开发、利用中，也是如此。要使国际河流资源和环境得以可持续利用，必须建立起流域国对国际河流资源与环境利用的秩序及流域国之间利用国际河流资源与环境的秩序。其中，流域国对国际河流资源与环境利用的良好秩序是基础和前提，如果流域国与国际河流之间是无序的，流域国与流域国之间对国际河流资源与环境利用的秩序也难以是良好的、和谐的。

[1] 彼得·斯坦，约翰·香德.西方社会的法律价值[M].王献平，译.郑成思，校.北京：中国人民公安大学出版社，1990：38.
[2] 佘正荣.生态发展：争取人和生物圈的协同进化[J].哲学研究，1993（6）：18-25.
[3] 汪劲.环境法的价值理念研究[M]//周珂.环境法学研究.北京：中国人民大学出版社，2008：48.

（一）各流域国对国际河流资源与环境利用的秩序

国际河流生态系统有一定的自我调控能力，当各流域国的开发利用在其承载限度以内时，它能通过自我控制、自我调整，承载人类开采资源与利用能源的负荷，吸收和净化人类生产与生活排放的废弃物，自动地调节生物圈的动态平衡，较好地供养人类，建立起它与各流域国之间的良好秩序。反之，一旦超越了其极限，就会严重干扰生态系统自我调节功能的发挥。长此以往，还将导致生态系统的衰弱乃至崩溃，各流域国和国际河流间处于失序状态。因此，各流域国需要对流域自然生态环境进行保护和建设，维系流域自然生态环境体系的正常存续和演化，以此来保证流域自然生态环境尽可能地恢复到一个可运行的稳定状态，最终建立和维护各流域国和国际河流间的良好秩序。

（二）流域国之间在国际河流资源与环境利用上的秩序

国际河流是流域各国的共享资源，各国都有权在其领土范围内对国际河流按其需求开发、利用。如果各国基于本国的利益最大化原则，都尽可能多开发、利用水资源，向河流排放污染物，而不尽保护义务，就会发生失序现象，甚至可能因水争夺和水污染引发战争。因此，要实现流域国间的和谐共处，必须建立秩序，使国与国之间在国际河流资源与环境利用及保护上承担义务。

在国际河流资源与环境利用上，当国际河流水资源非常充裕时，自然可以由各流域国自由取用。但是，一旦发生水资源短缺，不能满足各流域国多方面的需要时，就必须在水资源分配上厘清优先权顺序。例如，饮用水和灌溉用水等是人类生存和发展的基本物质基础，因此当可利用的水资源不能满足所有目标的需求时，必须首先满足人的基本需求。此外，生态系统的需求也应优先满足。为维护流域生态系统平衡，必须保证整个流域的生态环境需水量，以使水资源得到可持续利用。生态环境需水量是维持流域正常功能所必需的水流量。国际上通常认为，对河川全年径流量的直接消耗不得超过40%，否则会严重影响生态体系。此外，对流域的水量贡献应成为分水方案的重要考虑因素。流域的水量是由各流域国贡献的，按照权利、义务相一致的原则，各流域国对流域的水量贡献越多，其在水量分配等方面享有的权益也应相应增加。[1]因此，在国际河流资源与环境利用上，必须按照一定原则建立起利用秩序。

综上所述，维护生态秩序也是国际河流生态补偿制度追求的价值目标。通过具体的制度设置建立起各流域国对国际河流利用与保护的良好秩序、各流域国间在国际河流利用与保护上的和谐秩序，使资源配置、利益分配及义务承担都进一步公平化，这正是国际河流生态补偿制度所关注和追求的根本价值目标。

第三节　国际河流生态补偿制度须遵循的基本原则

法律原则是可以作为法的基础或本源的综合性、稳定性的原理和准则。法律制度，则是指调整某一具体的社会关系或社会活动的、由众多法律规则构成的法律实体。[2]法律制度本身是可操作的实施规范，具有法的拘束力。相较于法律制度，法律原则不规定具体的权利、义务和确定的法律后果，无法直接实施，但它是法的"灵魂"，是法律精神最集中的体现，在法律制度的制定和实施中起着重要作用。第一，法律原则指导法律制度的制定。一方面，法律原则决定了法律制度的性质、内容和价值取向。法律原则是法律制度的价值基础，体现着立法者对是非善恶的判断标准。确立什么样的法律原则，也就确立了什么样的法律制度。另一方面，法律原则是法律制度内部协调统一

---

[1]　杨恕，沈晓晨.解决国际河流水资源分配问题的国际法基础[J].兰州大学学报（社会科学版），2009（4）：8-15.

[2]　张文显.法学概论[M].北京：高等教育出版社，2010：28-29.

的保障。法律制度由众多法律规则构成。各法律规则有其具体的规范内容和目的，要保证这些内容复杂的规则在调整目标和规范效果方面协调一致，不至于互相冲突。第二，法律原则指导法律制度的实施。法律制度虽是可直接实施的法律规范，但由于社会关系的复杂性和变动性，再完美的制度也难以避免缺漏。一旦法律制度出现空白和不足，实施者则可以援引法律原则，进行法律漏洞补充和利益衡量。第三，法律原则指导法律制度的遵守。对于执法者和司法者而言，在进行法律解释和法律推理时，必须以法律原则为出发点，保证所做出的法律解释和法律推理符合法律目的；在行使自由裁量权时，更要接受法律原则的指导，在法律允许的范围内做出符合法律目的的选择，以免滥用自由裁量权。一般的社会主体只有正确把握法律原则，才能理解法律的精神实质，进而增强依法办事的自觉性。[1]

正因为法律原则重要的指引作用，在国际河流生态补偿制度的建立和实施过程中，也必须以一定的原则为导向，以保证国际河流生态补偿制度内部的协调统一。本书认为，在国际河流生态补偿制度的建构和实施中，应遵循以下原则。

一、受益者补偿原则

受益者补偿原则又叫作"谁受益，谁补偿"原则，指环境保护行为的受益方应当补偿贡献方因实施该环境保护行为所产生的费用或损失的经济发展机会。在国际河流生态补偿中，受益者补偿原则表现为国际河流资源保育和流域生态环境保护的受益国，应补偿贡献国因实施与资源环境保护相关的行为所产生的费用和丧失的经济发展机会。在国际河流利用和保护中，确立受益者补偿原则具有重要意义。

---

[1]　张俊杰.法理学案例教程［M］.北京：人民出版社，2009：95.

（一）受益者补偿原则是对国际水法公平合理利用原则的发展

公平合理利用原则是国际水法的一项基本原则，许多国际法律文件都有专门条款对公平合理利用原则进行确认。例如，《国际河流利用规则》第 4 条规定"每个流域国在其领土范围内都有权公平合理地分享国际流域内水域利用的水益"；1997 年联合国大会通过的《国际水道非航行使用法公约》第 5 条规定了公平合理地利用和参与的一般原则，"水道国应在各自领土内公平合理地利用国际水道。特别是，水道国在使用和开发国际水道时，应着眼于与充分保护该水道相一致，并考虑到有关水道国的利益，使该水道实现最佳和可持续的利用和受益。同时，水道国应公平合理地参与国际水道的使用、开发和保护。这种参与包括本公约所规定的利用水道的权利和合作保护及开发水道的义务"；联合国欧洲经济委员会 1992 年在赫尔辛基通过的《跨界水道和国际湖泊保护与利用公约》第 2 条（C）中规定，"保证以公平合理的方式利用跨界水体，若活动引起或可能引起跨界影响时，应该特别重视其跨界性质"。

公平合理利用原则抛弃了无限制的绝对领土主权论和绝对领土完整论，建立在有限主权论的基础上，它承认各流域国对国际河流水资源有共同利益和共同义务，从理论上看，这对协调国际河流资源利用冲突和国际河流资源保护有重要的意义和价值，但在国际实践中，公平合理利用原则经常陷于无法解决实际问题的困境。例如，在底格里斯－幼发拉底河流域水冲突中，上游的土耳其和下游的叙利亚、伊拉克三方因水问题长期处于关系紧张状态，甚至动用军队来保卫各国水权，最终三方都认为应对两河进行公平和合理利用，但如何利用才属"公平合理"，三国却有不同的主张，难以达成一致意见。又如，在"阿以水冲突"中，为解决水资源利用纠纷，以色列与约旦于 1994 年缔结了《以色列与约旦和平条约》，规定缔约方需共同确保公正分配水资源，一国在开发、利用水资源时不得损害其他国家的水资源利益。根据此条约，三年后两国又签署了有关水资源分配的具体协议，规定以色列每年向约旦供应一定的水量。尽管如此，在约旦河水分配问题上，双方仍时常发生纠纷，争端难以彻底解决。[1]

　　理论上有重要价值和意义的公平合理利用原则为何难以适用于国际实践？从外部原因看，是各国在利益驱动下，极力主张对本国更为有利的水资源利用方案，以至于公平合理利用原则无法落到实处；从内部原因看，这与公平合理利用原则本身的缺陷不无关系。首先，从评价标准来看，"公平合理利用"的评价标准不明确，导致公平合理利用原则在实践中缺乏可操作性，难以解决实际问题。其次，从内容来看，各国长期局限于本国利益，公平合理利用原则主要还停留在简单的水量分配和用水范围划分等初级层面。公平合理利用原则是一个具有丰富内涵的原则，它绝不应仅体现在水量分配等初级层面上，而应表现在水资源开发、利用的方方面面。例如损害赔偿、受益补偿等，特别是受益补偿问题没有得到很好体现。某些流域国实施了生态环境保护的行为，付出了成本，因贡献国保护行为受益的其他流域国如不对贡献国进行相应的补偿，则不符合公平合理的原则。

　　目前，随着各国在国际河流资源开发、利用和生态环境保护方面的合作加深，各国需不断探索新的模式以实现对国际河流的公平合理利用。对生态贡献者进行补偿正是这种新的模式。因此，在国际河流生态补偿中确立受益者补偿原则，以法律的形式保障贡献国获得补偿的权利，通过受益国对贡献国、受益人群对保护人群等的生态补偿，形成导向明确、公平合理的利益衡平机制，达到以生态补偿促进社会公平，以生态平衡推进社会和谐的目的，这不仅体现了国际河流的公平合理利用原则，更是对公平合理原则的进一步发展。

---

[1]　何艳梅.国际河流水资源分配的冲突及其协调［J］.资源与产业，2010（4）：53-57.

（二）受益者补偿原则是对国际水法损害补偿原则的补充

损害补偿原则是国际水法中的一个重要原则。《国际河流利用规则》第 10、11 条及《国际水道非航行使用法公约》第 7 条明确规定，国际河流各流域国在本国领土范围内开发、利用国际河流资源时，应采取适当的措施，以防止对国际河流造成污染或加重现有的污染程度。如果已经对其他流域国造成重大损害，负有责任的国家应该立刻采取合理措施消除不利影响，并对流域国所受损失进行适当补偿。

随着流域环境问题国际化趋势日益明显，损害补偿原则在调整国家之间的环境行为方面发挥着越来越重要的作用。例如，一条国际河流的上游有一家化工厂，它排放的污水使流域生态环境严重损害，下游居民的人身和财产受到损害，那么，化工厂所属国应对流域生态环境损害以及下游国居民因污染而遭受的身体健康威胁和财产损失进行相应的补偿。通过这种惩罚机制，抑制跨界河流生态环境污染和资源破坏行为，并在损害发生后起到一定的救济作用。

但是，损害补偿原则也有其局限性。该原则仅仅对流域国的严重污染、破坏流域环境这种"负"的行为进行惩罚，却不能对流域国进行生态系统恢复和重建这种"正"的行为进行激励。损害补偿不能代替受益补偿，它们之间存在本质区别。第一，发生原因不同。导致国际河流损害补偿的原因是流域国在其领土内利用国际河流时出现了环境污染行为，给同流域其他国家造成重大损害。生态补偿的原因则是流域国的生态系统恢复和重建给同流域其他国家带来生态利益。前者是侵权行为导致的补偿，后者则是合法行为产生的补偿。第二，目的不同。损害补偿原则的目的在于警示和惩罚，警示各流域国不能进行严重污染、破坏流域生态环境的行为，一旦发生，则对责任国进行相应的惩罚。受益者补偿原则的目的则在于激励，激励各流域国进行恢复和重建生态系统的行为。

因此，在国际水法中，明确受益者补偿原则，肯定和褒扬流域国的国际河流资源保护和生态环境改善行为，能很好地弥补损害补偿原则在国际河流水资源利用和生态环境保护中的缺陷与不足。

（三）受益者补偿原则的提出为环境法预防原则的实现提供新的途径

预防原则是环境法的基本原则，是指将环境保护的重点放在事前防止环境污染和自然破坏之上。在处理环境问题时，采取预防为主的原则是极为重要的。其一，环境问题一旦发生，往往难以消除和恢复，甚至具有不可逆转性。由人类活动所造成的环境问题不像其他社会问题或法律问题一样具有较快的反应性，除排放高浓度物质污染环境后会迅速造成人体健康或生物损害外，大多数环境损害都是在人们无法察觉的情况下进行的。当这些污染物质蓄积到一定程度时便会对环境、生物以及人类造成危害。其二，环境污染和破坏一旦形成，事后治理费用巨大，在经济上不合算。其三，环境问题在时间和空间上的可变性很强，环境问题的产生和发展又有一种缓发性和潜在性，再加上科学技术发展的局限，人类往往难以及时发现和认识损害环境的活动造成的长远影响和最终后果，一旦后果被发现，往往为时已晚而无法救治。[1]受益者补偿原则在实现正外部性内化的同时，也具有促使接受补偿的一方更积极、有效和长期地实施环境保护行为的功能。从这个意义上说，受益者补偿原则的提出，无疑为损害预防目标与原则的实现提供了另一个新的途径。

二、权利与义务相一致原则

（一）权利与义务相一致原则的基本含义

权利和义务是法学的基本范畴。"权利"一词，古已有之，当下更被广泛使用。人们根据主体、内容、对象以及权利与义务的关

---

[1]　黄锡生，李希昆.环境与资源保护法学［M］.重庆：重庆大学出版社，2011：97.

系等不同，将权利分为道德权利、法定权利与习俗权利，应有权利、法定权利与实有权利，基本权利与派生权利，个人权利与群体权利，私人权利与公共权利或社会权利，公法权利与私法权利，实体权利与程序权利等不同种类。正因为权利存在的领域非常广泛，很难给它下一个囊括各种情形的定义，因此，很多中外学者就权利的各种表现形式从不同角度对权利进行定义。例如，德国法学家耶林注意到权利背后的利益，因此提出了"利益说"。他认为，权利就是受到法律保护的利益。同时，不是所有的利益都是权利，只有为法律承认和保障的利益才是权利。德国法学家梅克尔阐释了"法力说"。他认为，权利是由法律和国家权力所保证的、人们为某种利益而从事活动或改变法律关系的能力或权力，义务则是对法律的服从或为保障权利主体的利益而对一定法律结果所应承受的影响。美国法学家费因伯格提出"要求说"，即"权利是一种有效要求权，而要求权是权利之宣告；义务是被要求的对象或内容。权利义务具有相关性，对每项权利来说，都有与之相关的义务，如果某人的主张无人应答，则其主张就不能称为权利"。哈特提出了"选择说"，强调权利体现一种选择的自由，"权利意味着特定的人际关系中，法律规则承认一个权利主体的选择优于义务主体的选择或意志"。[1]

以上各种学说只从某一侧面来描述"权利"，未免具有片面性。因此，现当代的学者们更注重全面地、多角度去解释"权利"，并总结出构成权利的基本的、必不可少的五要素。要素一为利益。权利是受到保护的利益。一项权利之所以成立，是为了保护某种利益。利益可是物质利益，也可是精神利益；可是权利主体自己的利益，也可是其他人的利益。要素二为主张。一项利益如受到侵犯，需要通过主张去得到保护。要素三为资格。对某项利益，相关主体必须具备法律或道德赋予的"资格"才能提出权利主张。要素四为力量。一项利益要

[1]　吕世伦，张学超.权利义务关系考察［J］.法制与社会发展，2002（3）：53—60.

得以实现，必须有相应的力量加以保障。力量包括权威和能力。例如，某些利益获得法律确认成为法律权利之后，如被侵犯，则可以运用法律权威追究行为人的法律后果。除了权威的支持外，权利主体也需具备享有和实现其利益、主张的实际能力或可能性。要素五为自由。自由指权利可以享有，也可以放弃。权利主体可以按个人意志去行使或放弃该项权利，不受外来的干预或胁迫。综上所述，本书可以对权利进行这样的解释：权利是为道德、法律或习俗所认定为正当的利益、主张、资格、力量或自由。[1]

什么是义务？从广义上说，义务是社会主体须承担的作出一定行为或不作出一定行为的责任。义务一般指法律上的义务，"法律义务是与法律权利相对称的概念，是指法律关系主体依法承担的某种必须履行的责任，它表现为必须作出或不作出一定的行为"[2]。义务与权利相对应，说某人享有或拥有权利，就意味着他人对该项权利体现的利益负有不得侵夺、不得妨碍的义务，必须作出一定行为或被禁止作出一定行为，以维护或保证权利人的权利获得实现。若无人承担和履行相应的义务，权利便没有存在的意义。

因此，权利和义务是密切相连、相辅相成的。任何权利的实现总是以义务的履行为条件。正如马克思在1864年10月为第一国际起草的《协会临时章程》中，对权利、义务关系所做的科学概括，"没有无义务的权利，也没有无权利的义务"。

综上所述，权利与义务是一致的，不可分离。对个体自身而言，当个体主张或者行使某一权利时，就意味着其负有一定的义务。任何个体不能只享有权利而不承担义务，也不会只承担义务而不享有权利。对他人而言，一方享有权利，他方必负有相应的义务，或者互为权利、义务。[3]

---

[1]　吕忠梅.法学通识九讲［M］.北京：北京大学出版社，2011：117.
[2]　沈宗灵.法学基础理论［M］.北京：北京大学出版社，1988：414.
[3]　郑贤君.权利义务相一致原理的宪法释义——以社会基本权为例［J］.首都师范大学学报（社会科学版），2007（5）：41-48.

（二）国际河流生态补偿中权利与义务相一致原则的体现

在国际河流生态补偿中，权利与义务相一致原则主要表现为以下几个方面：

1.贡献国的权利、义务与受益国的义务、权利是一致的

正如以"纯粹法"理论享誉于世的西方法学家汉斯·凯尔森所说，"一个人以一定方式行为的权利，便是另一个人对这个人以一定的方式行为的义务"[1]，权利和义务是同一种利益，一方有什么权利，他方便有什么义务；反之，一方有什么义务，他方便有什么权利。因此，在国际河流生态补偿中，权利主体和义务主体的权利和义务是同一种利益。生态利益提供国基于自身的生态投入行为享有获得补偿的权利，生态利益获得国基于获得的生态利益负有给予补偿的义务。反之，生态利益提供国基于自身所获得的补偿有提供生态服务的义务，生态利益获得国基于自身提供的补偿有获得生态服务的权利。

2.贡献国、受益国享有的权利与其自身承担的义务是一致的

如上所述，一个人享有什么权利，对方便有什么义务；一个人有什么义务，对方便享有什么权利。但是，一个人为什么应该享有权利而使对方承担义务？这是因为他首先承担了义务。没有无义务的权利，也没有无权利的义务。权利的实现要求义务的履行，义务的履行要求权利的实现，法律关系中的同一人既是权利者又是义务者。一个人所享有的权利是对他负有的义务的交换。在国际河流生态补偿法律关系中，涉及两个法律主体，一个是补偿义务主体，即生态利益的受益国；另一个是补偿权利主体，即生态利益的贡献国。生态补偿义务主体的权利是享受良好的生态环境，义务是向生态环境保护者进行资金、实物等多方面的补偿。生态补偿权利主体的义务是保护好、保持好良好的生态环境，保证生态安全，权利是接受补偿义务主体的补偿。

---

[1]　凯尔森.法与国家的一般理论［M］.沈宗灵，译.北京：中国大百科全书出版社，1996：87.

3.贡献者获得补偿、受益国给予补偿的额度与各自的贡献程度及受益程度成正比

按照权利与义务相一致原则，权利者享有权利的大小应当与其承担的义务大小相适应，义务者承担义务的大小也应与享有权利的大小相适应。如果不相等，则不论权利多于义务还是义务多于权利，都是不公正的。在国际河流生态补偿中，贡献国可以获得多少补偿，是基于它所提供的生态利益的多少。反之，亦同。

三、共同但有区别的责任原则

（一）共同但有区别的责任原则的基本含义

"共同但有区别的责任"是国际社会为应对气候变化这一突出的全球性环境问题，在1992年联合国环境与发展大会上所确定的国际环境合作原则。会议通过的《里约热内卢环境与发展宣言》原则7宣示，"各国应当本着全球伙伴精神，为保存、保护和恢复地球生态系统的健康和完整进行合作。鉴于导致全球环境退化的各种不同因素，各国负有共同的但是又有差别的责任。发达国家承认，鉴于它们的发展给全球环境带来的压力，以及它们所掌握的技术和财力资源，它们在追求可持续发展的国际努力中负有责任"。

共同但有区别的责任原则由国际法中的衡平原则衍生而来，是发达国家和发展中国家在处理全球环境问题时应遵循的基本原则。共同但有区别的责任原则包含两个基本要素，即"共同的责任"和"有区别的责任"。[1]

"共同的责任"是指各国不论大小、贫富、强弱，对保护全球环境的责任与义务是共同的。人类共同生活在一个地球上，地球环境质量的恶化危及所有国家的利益，保护地球环境因而成为人类共

---

[1]　朱晓青.国际法［M］.北京：社会科学文献出版社，2005：212.

同的责任。"有区别的责任"是指虽然各国对保护全球环境负有共同的责任，但是，由于各国之间，尤其是发达国家和发展中国家之间，对温室效应、酸雨、生物多样性退化、臭氧层破坏等全球性环境问题的产生所起的作用不同，因而在保护和改善全球环境中所负有的责任也是有区别的。发达国家在工业化过程中过度消耗自然资源和排放废弃物是导致全球环境持续恶化的主要历史与现实原因。发达国家的人口约占世界人口总数的20%，却消耗了世界的大部分资源，除大量消耗资源能源外，发达国家还向环境排放大量的污染物，其人均排放的水和大气污染物大约是发展中国家的20倍。因此，发达国家应该承担控制、减少和消除全球环境损害的主要责任。并且，由于发达国家有着雄厚的经济实力和先进的环保技术，也有力量为解决全球环境问题承担更多的义务。发展中国家则需根据自身实力，承担与其能力相适应的次要责任。

（二）共同但有区别的责任原则在国际河流生态补偿中的体现

在国际河流生态补偿制度的构建中，也需要以共同而有区别的责任原则为指导。

1. 共同的责任

国际河流虽跨越或分隔不同国家，但是河流具有整体性，不能按国界进行人为的分割，这使它不能为任何一国所单独享有，而必须为流域各国共享。对共享河流，各流域国有共同的权利，但在本国境内对国际河流进行公平合理的开发利用，同时也需负共同的责任，即保护流域生态环境，使其得以可持续利用。

国际河流资源和环境保护目的的实现，一方面需要各流域国主动实施流域生态环境保护行为，另一方面要求各流域国在开发、利用国际河流资源时必须合理，即要对国际河流水资源进行合乎人类需要及合乎自然、社会发展规律的利用，不能超过水资源的承载极限，不得损害水资源的再生能力，不污染和浪费水资源，不对其他国家的合理利用造成严重影响。总之，各流域国在开发、利用国际河流资源时，应着眼于充分保护该流域，并考虑到其他当事国的利益，使国际河流实现最佳和可持续的利用和受益。

2. 有区别的责任

"有区别的责任"是对"共同责任"的具体化和对"共同责任"的再分配。在生态环境保护上，各流域国有着不同的责任。上游国由于所处的地理位置，其所实施的生态保护行为能惠及整个流域，对改善生态环境具有重要的作用。因此，在国际河流的生态环境改善上，上游国承担了更多的责任。在补偿义务的承担上，各流域国责任大小也有区别。补偿义务的轻重需综合考虑各流域国的受益情况。受益少，补偿义务相对较轻；受益多，补偿义务相对较重。尤其需要注意的是，由于在河流生态环境的恶化中，一些国家负有主要责任，是它们的排污行为或意外事故对河流生态环境产生了很大的负面影响。因而，在确定补偿义务大小时，不仅需衡量它们的受益程度，也要综合考量它们对河流污染的影响程度。

四、协调发展原则

（一）协调发展原则的基本含义

协调，即"相容""一致""无矛盾"。协调发展，是指环境保护与经济建设及社会发展统筹规划、同步实施、协调发展，实现经济效益、社会效益和环境效益的统一。

协调发展理论是人类社会经过长期探索并付出了高昂代价后才逐渐形成的理论。在如何处理环境保护和经济发展的关系上，国际社会曾出现几种不同的理论。第一种为经济发展优先论，即先发展经济，再治理环境，简称"先污染，后治理"。该理论认为，经济发展是第一位的，人类在忽视环境保护的情况下已经生存了几百万年了，今后也仍将继续生存下去。人类科技水平是在不断提高的，随着科学技术的进步，一切环境问题也将迎刃而解，大可不必为一点环境问题惊慌失措、杞人忧天。第二种为环境保护优先论。该理论认为传统的经济发展模式不但使人类与自然处于尖锐的矛盾之中，并将使人类不断受到自然的报复。为了使人类免于毁灭性的灾难，经济发展应该让位于环境保护，人口和经济需实现零增长。这两种过于极端、矫枉过正的理论难以为大多数国家所接受。经过长期的调查和研究，一种新理论，即协调发展理论被提出。该理论不赞成经济的零增长，更反对以环境为代价发展经济，而是提出在不超出环境承载能力的情形下，实现经济的发展和社会的进步。这一理论迅速为国际社会所接受，各国在立法中也纷纷确立经济、社会和环境可持续发展的协调发展原则。

协调发展原则具有丰富的内涵：第一，它体现了环境保护和经济发展相互制约、相互促进的对立统一关系。一方面，经济发展和环境保护是相互矛盾的，要发展经济就需要消耗大量的资源，要向环境中排放废弃物。另一方面，经济发展和环境保护又是统一的。只有经济、社会不断发展，才能提供环境保护所需要的经济基础和技术条件。保护环境所需要的人力、物力、财力和科学技术，只有通过经济、社会的发展才能得到满足。而且，只有做好环境和资源的保护与改善，才能为经济发展与社会进步提供物质基础；只有搞好环境和资源的保护，经济和社会才有可能持续发展。正因为环境保护与经济发展的对立统一关系，就需要找出一条经济、社会及环境相互协调的途径，走协调发展之路，既不能片面追求经济的高速发展而放弃环境的保护，也不能使环境保护超过现实经济的承受能力。要在发展经济中解决各类环境问题，在环境问题解决中求得经济的健康发展。[1]第二，它顺应了"可持续发展"理念的基本要求。可持续发展是既满足当代人的需求，又不对后代人满足其自

---

[1] 陈德敏.环境与资源保护法［M］.武汉：武汉大学出版社，2011：56-57.

身需求的能力构成危害的发展。从本质上讲，可持续发展就是对环境无害或者少害的发展，是环境和资源保护与经济、社会相协调的发展，是人与自然之间的和谐、平衡、稳定的发展。对环境和资源的保护是可持续发展不可分割的内容，离开或者削弱环境和资源保护的发展只能是不可持续的发展。从这个意义上说，经济、社会与环境相协调的发展原则正顺应了可持续发展价值理念的基本要求。第三，它体现了经济、社会规律和生态规律的基本要求。环境保护与发展是一对矛盾的两个方面，要实现环境、经济、社会的可持续发展和协调发展，要协调好人与自然的关系，必须遵循自然生态规律和社会经济规律。自然生态规律要求人类在追求自身的生存和发展过程中，必须尊重和适应生态规律，维护地球的生态系统，不能超过资源、环境的承载极限，否则就无法生存下去。社会经济规律要求各国从本国的经济基础、政治条件、民族传统和文化历史等特点和国际经济社会发展的形势出发，深刻认识和正确处理环境资源保护工作与市场经济的关系，按照环境资源活动的规律和市场经济规律办事，把环境保护、环境建设与经济活动、社会活动有机地结合起来。[1]

（二）协调发展原则在国际河流生态补偿中的体现

1. 经济利益和生态利益相协调

水资源是生命之源，具有重大的经济价值。它是农业生产的命脉，灌溉用水能否得到保障直接关系粮食产量的高低；它是工业生产的血液，钢铁、造纸、印染、发电等行业都需要大量的水，工业用水能否得到保障关系其效益的好坏。除工农业生产外，在航运、旅游、水产、环境改造等领域，水资源也具有不可替代的作用。因此，随着水资源的日渐稀缺，国际河流水资源已成为具有战略性价值的经济资源，对流域各国人民的生产、生活有着重要作用。

---

[1]　黄锡生，李希昆．环境与资源保护法学［M］．重庆：重庆大学出版社，2002：91-92．

正是因为水资源的重要经济价值，各流域国需充分利用国际河流水资源为本国的人民生活、工农业生产服务，促进本国经济增长及人民生活水平提高。但是，国际河流水资源总量是有限的，其生态承载能力也是有限的，如果各流域国都毫无限制地取用国际河流水资源，肆无忌惮地向国际河流中排放废弃物，必将导致国际河流生态平衡的破坏。

因此，在国际河流水资源开发、利用中，必须兼顾经济利益和生态利益。生态效益和经济效益相结合，才可能实现可持续发展。要实现这个目标，就必须维护国际河流的水量与水质。在水量上，当水资源不能满足所有需求时，就需要厘清优先权顺序。为维护流域生态系统平衡，生态环境需水量应被优先满足。生态环境需水量是维持流域正常功能所必需的水流量。因为，河流本身有一定的自净能力，在排污总量和污染物类型一定的情况下，河流的纳污能力取决于河流流量的大小。只要河流维持在一定的流量，一定量的污染物质即使被排入河流，也可以通过河流的自我物理、化学和生物净化，降低污染物的浓度和总量，恢复水体的正常功能。[1] 在水质上，为改善国际河流水污染状况，流域国必须进行有效的生态投入。同时，为激励生态投入行为持续化，受益国应当对进行国际河流资源保育和流域生态环境保护的国家以相应补偿。通过有效的生态补偿措施，促进流域国经济和环境的协调、可持续发展。

2. 上、下游国协调发展

国际河流具有跨国界性，跨越或流经了多个国家。上、下游各国地理位置不一，经济发展水平也不一样。一般来说，流域上游地区山高坡陡、地势高耸，水资源开发、利用条件较差，而下游地区尤其是三角洲地带，土地肥沃、地势平坦，有良好的水资源开发、利用条件，经济发展程度要超过上、中游国。上、中游国家为实现摆脱贫穷、发

---

[1] 谈广鸣，李奔．国际河流管理［M］．北京：中国水利水电出版社，2011：19．

展经济的目标，对国际河流资源的需求也日益增加。例如，尼罗河流域人口众多，加之近些年该地区工业和农业不断发展，水需求的压力日益增加。上游的苏丹、埃塞俄比亚等是世界上最不发达国家之一，经济以农牧业为主，基础薄弱，对自然资源有很强的依赖性。一方面，这些国家由于经济落后，对消除贫困、发展经济有着强烈的需求；另一方面，它们的地理位置又决定着它们对尼罗河流域的生态环境改善肩负着更多的责任。因此，要激励它们进行生态投入，或为改善流域生态环境限制某些产业的发展，就必须通过现金支付、项目援助等方式帮助它们发展经济，解决贫困问题，才能实现上、下游国的协调发展。

五、国际合作原则

国际合作原则是指国际社会中国家、国际组织、区域组织等各类国际关系的主体，均有义务在国际关系的各方面彼此合作。国际合作原则作为一项现代国际法的基本原则产生于第二次世界大战之后。1945 年，来自 50 个国家的代表签署的《联合国宪章》不仅提出联合国的宗旨之一是"促成国际合作"，也在第 9 章"国际经济及社会合作"中专门阐述了有关国际合作的问题。1970 年，联合国大会《关于各国依据联合国宪章建立友好关系及合作之国际法原则宣言》（简称《国际法原则宣言》）进一步重申了《联合国宪章》所确立的国际合作原则，宣称国际合作"构成国际法之基本原则"，并且"对于国际和平及安全之维护及联合国其他宗旨之实现至关重要"。之后，《各国经济权利和义务宪章》和《欧洲安全与合作会议最后文件》等重要文件也都对国际合作原则做出了规定。在国际合作原则的指引下，国际合作的形式日益多样，除了传统的双边合作和多边合作外，又有区域性合作和全球性合作；国际合作的领域也在不断拓宽，从政治合作发展为政治、经济、文化、教育、科技等多方面合作。尤其是随着全球性环境问题的出现，环境领域内的合作日益向纵深方向发展。

环境保护的国际合作是指所有国家，无论大小、贫富、强弱，本着全球伙伴精神，在平等的基础上，为保护、保存和恢复地球生态系统的健康和完整进行合作。多年来，国际社会不仅在控制臭氧层耗损、防止气候变化、保护海洋资源、保护生物多样性等领域展开了全方位的合作，在国际河流生态环境保护上的合作也因全球性水危机的出现越来越受重视。《国际水道非航行使用法公约》第8条明确规定了水道国间的合作义务，"水道国应在主权平等、领土完整、互利和善意的基础上进行合作，使国际水道得到最佳利用和充分保护"。对进行国际河流资源保育和流域生态环境保护的国家予以相应补偿是保护和改善流域生态环境的重要方式，因而在国际河流生态补偿制度的构建中应以合作原则作为指导。反之，国际河流生态补偿制度的构建也有利于推动国际合作的实现。

（一）国际河流生态补偿制度的构建应以国际合作原则为指导

在国际河流生态补偿中，国际合作原则主要体现在如下方面：第一，缔结生态补偿协议方面。除了普遍性的国际水法中应明确规定国际河流生态补偿制度外，贡献国和受益国间也应本着合作精神，求同存异，互惠互利，达成生态补偿协议，以落实生态补偿过程中各方的权利与义务。第二，建立相关的组织机构方面。国际河流跨越了不同国家的国界，这使国际河流的生态补偿较之内河更为复杂。要使国际河流生态补偿得以顺利进行，各流域国常需组建补偿委员会等类似组织机构，以便通过组织机构的协调，帮助各国增进了解，促成合作。《国际水道非航行使用法公约》第8条规定："在确定这种合作的方式时，水道国如果认为有此必要，可以考虑设立联合机制或委员会，以便参照不同区域在现有的联合机制和委员会中进行合作所取得的经验，为在有关措施和程序方面的合作提供便利。"

因此，贡献国与受益国需在组织机构的设置上相互合作，通过充分协商确定组织机构的形式、职能、组成人员等重要事项。第三，数据、信息的收集与交换方面。《国际水道非航行使用法公约》第 9 条明确规定了各水道国有经常交换数据和资料的义务，水道国应经常地交换水道状况信息，特别是关于水文、气象、水文地质、生态性质的，与水质有关的便捷可得的数据和资料以及有关的预报。如果一个水道国请求另一个水道国提供不是便捷可得的数据或资料，后者应尽力满足请求，但可附有条件，即要求请求国支付收集和在适当情况下处理这些数据或资料的合理费用。《国际河流利用规则》第 29 条也作了类似规定。在国际河流的生态补偿中，贡献国与受益国在数据、信息的收集与交换方面的配合也是非常重要的方面。只有准确掌握了充分的数据、信息，才能客观评估出国际河流资源和生态环境状况是否改良、贡献国的贡献大小、受益国的受益大小等重要问题。第四，流域生态保护和改善方式的采用方面。流域生态环境的保护和改善关系所有流域国的共同利益，也是流域生态补偿的目的所在。因此，贡献国为保护与改善流域环境，必要时也应与受益国和其他流域国进行协商，其他流域国可提供必要的协助，如派遣专家和技术人员、提供技术服务等。第五，争端的解决方面。在流域生态补偿的过程中，贡献国和受益国如因补偿方式、补偿标准、补偿给付等重要事项产生争端时，也应本着合作的精神，最好以协商和谈判等和平方式来达成可接受的解决方法。

（二）国际河流生态补偿制度的构建有利于推动国际合作的实现

国际河流资源与环境为流域国共同所有，各流域国都有保护的义务。但是，在国际河流资源与环境的保护上，一方面需要花费高昂的成本，另一方面由于流域的整体性，一国的积极行为也将惠及流域其他国家，对他国产生正外部性，因而，各流域国从自身短期利益出发，可能产生搭便车的心理，等待别的国家去保护流域生态环境，但如果各流域国都有如此想法并做出这样的行为时，这又将陷入"囚徒困境"。

"囚徒困境"是 1950 年图克提出的关于博弈论的经典模型。为解释"囚徒困境"，图克设置了如下情境：一位富人被杀，家中财物被盗。警察抓捕了两名犯罪嫌疑人，但是他们矢口否认杀人，只承认盗取财物。为查明真相，警察将他们隔离，分别审讯。警察告知他们："如果两人都抵赖，各判刑一年；如果两人都坦白，各判八年；如果两人中一个坦白而另一个抵赖，坦白的被释放，抵赖的将被判十年。"

在此情境中，囚徒 1 和囚徒 2 就是此博弈中的两个博弈方。他们都有"坦白""不坦白"这两种可选择的博弈策略。他们选择不同的策略，将导致不同的结果。从表面上看，他们都应该选择抵赖，最终得到最好的结果：两人都各判一年。但是，在缺少沟通的前提下，每个囚徒都不敢确保同伙不会提供对自己不利的证据。于是，在个人理性的指引下，他们各自会进行利益的权衡。对囚徒 1 来说，如果囚徒 2 选择"坦白"，那么自己最好也选择"坦白"，最终都判八年；如果囚徒 2 选择"抵赖"，对自己来说，最好是选择坦白，最终被释放。反之，囚徒 2 作选择时也是这样。因为，无论另一个囚徒作何选择，自己选择"坦白"对自己带来的收益都是最大的。但是，在这个博弈中，最佳的结果却不是都"坦白"，因为要各判八年，而是都不"坦白"，即各自都被判一年。

"囚徒博弈"告诉人们：人类的个体理性有时能导致集体的非理性。在信息沟通不畅的情形，为了确保个人利益的最大化，个人在个体理性的指引下，会作出"坦白"的选择，最终却既没有实现集体总体利益的最大化，也没有真正实现个人利益的最大化。简言之，如只从利己目的出发，结果很可能将既不利己也不利他。

在国际河流资源的开发、利用和保护中，各流域国类似上述博弈论模型"囚徒的困境"中的"囚徒"。各国都有两种策略选择，即"合理开发、利用和有效实施保护行为"和"尽可能多开发、利用和不保护"。

对各流域国来说，最好的结果是：各方在选择合作，公平合理地利用国际河流水资源的同时，共同承担保护国际河流资源和环境的义务，最终使国际河流资源和环境得到有效保护，各流域国也因国际河流的有效保护获得可持续利用国际河流资源的利益。

但是，如果各流域国互不信任，都认为，如果其他国家为了本国经济快速增长、人民生活水平提高而选择占用更多国际河流资源、无限制地向国际河流排放污染物质，而唯独自己节约利用，减少污染物的排放，最终结果是只有本国的工农业等发展受阻而其他国家依旧获益。于是，各流域国出于追求各自利益最大化的理性选择，都抱着一种不投入、不付出、不合作的态度，均选择尽可能多利用或不节制地排放，最终国际河流资源的利用和保护将无法实现帕累托最优，这不仅有损流域整体利益，从长期看，对各流域国的利益都将造成不利的影响。

要解决集体的非理性问题，促使各流域国进行合作，就需要建立激励制度。国际河流生态补偿制度就是这样一种激励制度。建立生态补偿制度，通过流域基础信息的收集和交流，消除流域国间的猜忌，通过补偿金的给付，在一定程度上提升流域国保护流域生态环境的积极性，推动在国际河流保护上的合作。

第四节　国际河流生态补偿制度的主要内容

一、补偿主体

补偿主体，即"谁来补偿、补偿给谁"。国际河流生态补偿的主体是国际河流生态补偿制度研究的重要范畴。在国际河流生态补偿中，首先需要解决的问题就是"谁补偿谁"，即"谁是义务主体，谁是权利主体"，这些问题的解决是国际河流生态补偿制度运行的基础。

在前文已详细论述，国际河流生态补偿制度，是调整流域内相关国家利益关系的制度安排，它要在同流域国家间进行经济利益和生态利益的重新配置，促进各流域国之间的利益共享、成本共担。因此，除了国际组织给予生态补偿援助等特殊情况外，国际河流生态补偿的义务主体应是生态利益的受益国，权利主体应是生态利益的贡献国。

但是，在国际河流生态补偿中，由于国际河流和生态补偿问题本身的复杂性，在补偿主体的厘定上，远不止表面这么简单，仍有不少疑问需要澄清。

（一）补偿的义务主体为何多是国际河流的下游国？

在国际河流生态补偿中，受益国和贡献国都既可以是上游国，也可以是下游国。例如，当国际河流上游国在本国境内植树造林、保持水土、达标排放污染物等，使流域整体生态环境质量得以改善和提高时，上游国是生态利益的贡献国，为补偿的权利主体；下游国是生态利益的受益国，为补偿的义务主体。当国际河流下游国通过清除河道淤泥等方式维护河流防洪、排涝等正常功能，更多珍稀水生生物逆水上游时，上游国如获有利益，则是补偿的义务主体；下游国是生态利益的贡献国，为补偿的权利主体。但是，在国际河流上、下游国间的生态补偿中，下游国以贡献国身份获得补偿并不具有普遍性。由于河流的线性流动性，上游国的生态保护行为对全流域生态系统整体健康与安全更为关键。因此，在国际河流生态补偿中，上游国多为权利主体，下游国多为义务主体。

（二）贡献国进行流域生态保护是履行其应尽的义务，为何还需受益国给予补偿？

国际河流具有共享性，流域国无论是上游国还是下游国，都有分享国际河流资源利益的权利，也有保护流域生态环境的义务。因此，某一流域国，例如上游国，通过相应行为使流域生态环境得以改善，这是上游国在履行其所负的生态环境保护义务，并且其也将因为自身的生态保护义务的履行享有一定的生态利益。但是，由于流域生态系统的整体性，其生态保护行为所产生的生态利益不仅为上游国所拥有，也惠及下游国。因此，对没有实施使流域生态环境得以改善行为却获有利益的下游国来说，为履行其保护流域生态环境的义务，就应该对上游国因生态投入行为花费的成本通过生态补偿的方式进行相应的分担。

（三）受益国进行补偿是否会出现受害者付费的尴尬状态？

有观点认为，受益者补偿作为一种经济调整手段，在缺乏国家强制力的情况下，促使受益者愿意分担环境保护费用的动力，往往并非出自对已经享有的良好环境功能与服务的感激与回馈，而是出自对共有的生态环境受到威胁的担忧。因此，当国家间遵照受益者补偿原则开展国际河流生态补偿项目时，补偿的给付方常常是国际河流生态环境污染的受损者，而非生态环境服务受益者。在此情况下，受益者补偿原则在现实中很可能会造成"受害者付费"的尴尬状态。

这种观点从表面上看是成立的，但是从深层面进行挖掘，却是无法立足的。其一，国际河流被污染，为改善流域生态环境，开展生态补偿项目，补偿的给付方确实是事实上的受损者。但是，其他国家包括补偿的受偿方同样也是国际河流生态环境污染的受损者。如果都以受害者身份拒绝为生态补偿付费，那么生态补偿项目永远无法开展。其二，贡献国的发展权利不能因为环保责任的承担而被剥夺。由于自然地理条件等因素，贡献国的生态投入行为确实对流域整体的生态环境改善有着更大的作用，但是，按照国际水法，贡献国也有在本国境内按照本国需要公平合理开发、利用国际河流资源的权利。如果基于所谓的"受害者付费"现象就强令其履行环境保护的义务，而拒绝通过补偿的方式平衡环境保护责任，则是对贡献国发展权利的侵害，也无法激励其进行流域生态环境保护的行为。其三，补偿给付方是生态补偿项目开展后事实上的受益国。在生态补偿项目开展前，由于流域环境损害的现状，补偿给付方为国际河流生态环境污染的受损者，但是补偿受偿方的生态投入行为展开后，所产生的生态利益则能惠及补偿给付方。补偿给付方从所谓的"受害者"也终将逐渐成为受益者。如果贡献国的生态保护行为并未取得预期的效果，补偿给付方则可以根据法律或协议减少甚至撤回所给付的补偿。基于此，本书认为，并不存在所谓的"受害者付费"的尴尬状态。

综上所述，在国际河流的生态补偿中，补偿权利主体和义务主体分别为贡献国和受益国。同时，需特别注意的是，由于国际河流是分隔或流经不同国家的河流，流域国存在两个或两个以上，受益国和贡献国也可能不止一个。但是，国际河流生态补偿存在特殊性，其涉及不同主权国家，生态补偿能否达成最终取决于相关国家间能否达成协议。因此，从理论上说，虽然所有的受益国都应成为生态补偿的义务主体，所有的贡献国都应是生态补偿的权利主体。但事实上，最终给付补偿的受益国和接受补偿的贡献国仅是就流域生态补偿达成协议的相关国家。

二、补偿标准

补偿标准，即"补多少"。补偿标准是国际河流生态补偿制度的核心，补偿标准是否科学、合理、公正，直接关系国际河流生态补偿制度的实施效果。

（一）补偿标准的确定方法

对于"补多少"才能既反映水生态服务的价值、成本与收益，又能被上、下游国接受，理论界和实务界提出了多种补偿标准的确定方法，大致如下。

1. 成本补偿法

成本补偿法是指以贡献方投入成本的评估核算为基础，来确定生态补偿标准的方法。生态补偿成本是贡献方为了保护生态环境，投入的人力、物力和财力。生态补偿成本是确定生态补偿标准的基础。生态补偿的成本主要可分为直接成本和机会成本。

直接成本是贡献方为了保护流域环境而直接投入的人力、物力、财力。直接成本大致又可分为两类：一是为了保证水质、控制环境污染所进行的水环境治理与保护投入，例如，因水土流失治理、环境污染综合治理、城镇垃圾处理、污水处理设施建设、工业污染治理、农业非点源污染治理、城镇污水处理等产生的成本；二是为了保持水量、维护水质、减少水土流失而进行的流域生态保护与建设的投入，例如，退耕还林建设投入、林业建设与维护费用、水土保持建设与维护费用、自然保护区建设与维护费用、生态移民费用等。

机会成本是贡献方为保护整个流域的生态环境所放弃的经济收入和牺牲的发展机会。机会成本主要表现在两大方面：一是由于水源涵养区执行更严格的环境标准，限制工业企业发展、选择无污染项目，而导致的发展机会损失，如政府的财政收入损失、税收损失、关停并转或限制审批工业企业造成的产值损失、就业岗位损失等；二是水源涵养区进行生态建设而造成的机会成本损失，包括水源涵养区进行退耕还林建设、公益林建设和自然保护区建设等造成的收益减少。例如，水源涵养区进行自然保护区建设，将导致居民对自然资源的开发、利用权利受到限制，这直接影响到居民的经济收入，当地政府也因保护区建设不能在此处进行旅游资源开发、招商引资等，导致财政收入受到一定影响。

2. 效益补偿法

效益补偿法是对贡献方生态投入行为所产生的效益进行评估核算，从而确定补偿额的方法。效益评估的核心在于生态服务功能价值的计算，即对贡献国的流域生态保护行为所产生的水土保持、水源涵养、气候调节、废物处理、环境净化、生物多样性维持、景观美化等生态服务功能的价值进行综合评估与核算以确定补偿数额。近些来年，国内外学者对流域生态服务价值的评估方法进行了很多有益的探索，提出了市场价值法、替代市场法、条件价值法等方法。

市场价值法，又称生产率法，是利用环境质量变化引起的某区域产值或利润的变化来计量环境质量变化的经济效益或经济损失。市场价值法的基本原理是将生态系统作为生产中的一个要素，生态系统的变化将导致生产率和生产成本的变化，进而影响价格和产出水平的变化，或者将导致产量或预期收益的损失。[1]

当一些环境物品如清洁的水、新鲜的空气等无法用市场价格来直接衡量时，可从市场上寻求一些替代物，以替代物的市场价格来衡量环境物品的价值，这类方法被称为替代市场法。

在替代市场都难以找到的情况下，可以人为地创造假想的市场来衡量环境质量及其变动的价格，这种方法称为假想市场法。假想市场法，又叫作模拟市场法、意愿调查评估法等。这种方法可简述为：从消费者的角度出发，提出一系列假设问题，通过调查、问卷、投标等

---

［1］ 李金昌，姜文来，靳乐山，等.生态价值论［M］.重庆：重庆大学出版社，1999：67.

方式来获知消费者的支付意愿，最后综合所有消费者的支付意愿来估计环境物品的经济价值。[1]

3. 协商法

协商法是贡献方与受益方就补偿标准进行谈判，最终达成一致意见的方法。协商过程就是贡献方和受益方博弈的过程。贡献方和受益方都是追求利益的理性人，对贡献方来说，争取尽可能多的补偿是它的利益所在。对于受益方来说，给予尽可能少甚至不给补偿是它的利益所在。因此，要就生态补偿标准达成一致意见，需要在贡献方和受益方间进行数次博弈和较量。

4. 三种补偿方法的比较

以生态保护成本为依据计算补偿标准，可以弥补贡献方的实际付出。而且，付出成本大小容易计算，较具有可操作性。但是，通过成本补偿法计算出的补偿额度只能弥补贡献方付出的成本，并不能使贡献方从生态建设中获得额外的好处，难以激励他们持续性地进行生态投入。反之，如果贡献方进行了生态投入，但是投入方法不对，效率不高，导致投入高于受益方所获利益，此时，如按生态保护成本计算补偿标准，也难以被受益方认可。

以贡献方生态投入行为所产生的效益为依据来确定补偿额，能够激励贡献方进行持续性生态环境保护与建设。但是，效益补偿法也存在很多不足之处。首先，生态保护效益虽然客观存在，但是要准确估算生态保护效益的经济价值，则并不容易。生态服务价值的评估一直是个世界性难题，尤其对间接使用价值、非使用价值的评估还没有一个被大家认可的统一的方法。尽管已有学者就生态服务价值的评估提出了一些估算方法，但这些估算并未获得公认。而且，采用不同的估算方法，核算出的生态服务功能价值差异较大，这导致估算结果只能作为参考，不能作为确定生态补偿的最终依据。其次，生态服务具有

---

[1]　刘亚萍. 生态旅游区游憩资源经济价值评价研究 [M]. 北京: 中国林业出版社, 2008: 18.

重大价值，因此，贡献方生态投入行为所产生的效益即便能精确估算出来，也可能因为价值量过大，超出受益方的支付意愿与承受能力，最终得不到受益方的认可和履行。

协商法充分体现了贡献方和受益方的意愿，协定的补偿标准最终可能得到各方的认可和执行。但是，协商法也存在一些不足之处。例如，通过协商确定的补偿标准，除需考虑实质发生的成本和产生的效益外，还往往取决于参与方的谈判能力。贡献方的谈判能力如高于受益方，则有可能获得较多的补偿，反之，则可能获得较少的补偿。同时，在同一生态补偿中，可能存在多个贡献方与受益方，各方就补偿标准都可能有不同意见，这将导致补偿标准的最终确定可能需要花费较高的时间成本。

（二）国际河流生态补偿标准的确定

如上所述，在生态补偿标准的确定上，学者们提出了不同的观点，在实践中也有不同的做法，这些方法各有其优缺点。对于国际河流的生态补偿采取何种补偿标准，本书认为，应根据具体情况，以成本评估和效益评估为基础，由受益国与贡献国通过协商来确定。

国际河流生态补偿标准的确定之所以适合采用协商法，这是由国际河流生态补偿的特殊性决定的。

首先，贡献国和受益国多元化、复杂化。国际河流流经两个及以上国家，贡献国和受益国都可能存在两个及以上。而且，有些国家既是贡献国也是受益国。例如，中游国由于上游国的生态建设行为而受益，同时，它在本国领土范围内开展生态建设，也将对下游国产生利益，这就使贡献国和受益国复杂化。多个贡献国、多个受益国，导致各个国家贡献及受益的程度各不一致，因此，难以适用统一的补偿标准，而必须根据实际情况协商确定不同的补偿标准。

其次，国际河流生态补偿的主体是享有主权的独立国家，难以对其强制施行某一补偿标准。国际河流各流域国都是平等的主权国家，在国家之上不存在超国家的主体。因此，国际河流生态补偿不同于一般国内跨界河流生态补偿，无法通过法律或政策强制规定贡献方和受益方执行某种补偿标准，而只能在平等的基础上进行协商，以成本评估和效益评估为基础确定补偿标准。在确定补偿标准时，除了要考虑到贡献国的成本和受益国的收益，还需考虑贡献国的受偿意愿、受益国的支付意愿和支付能力。受偿意愿是贡献国希望获取的补偿金额，支付意愿是受益国为获得生态利益愿意支付的金额，支付能力是受益国承担偿付生态补偿金的实际能力。生态补偿标准如严重偏离贡献国的受偿意愿、受益国的支付意愿和支付能力，也难以获得贡献国和受益国的认可。因此，国际河流生态补偿标准必须通过充分协商，明确贡献国的成本、受益国的收益、贡献国的受偿意愿、受益国的支付意愿和支付能力，在此基础上，经过多方博弈，最终确定能为贡献国和受益国接受的补偿标准。

因此，国际河流生态补偿标准的确定可以以成本和效益的核算为基础，经过充分的协商来确定，这样既能为各国所接受，又符合流域客观实际。在具体核算成本和效益时，由于贡献国花费了多少成本、受益国获得了多大价值的生态服务都不易评估，因此在实践中可以进行相应的简化，即对贡献国的出水量和出水水质进行测评。贡献国的出水量和出水水质既是可以实际测量的，又能反映贡献国的生态投入效果和受益国获得的效益。因此，在国际河流生态补偿中，本书建议贡献国和受益国经过协商，签订基于水量、水质的生态补偿协议，约定贡献国的出水水质和水量达到不同标准时，受益国给予其不同的补偿。

三、补偿方式

补偿方式，即"如何补"。补偿方式是指生态补偿义务主体承担生态补偿责任的具体形式。与补偿标准一致，国际河流生态补偿的方式也适宜由贡献国与受益国协商确定。在国际河流生态补偿中，主要可以采用以下几种补偿方式。

（一）货币补偿

货币补偿是最直接、最常见的补偿方式。补偿金的支付方通常为受益国。除受益国外，有时国际组织也将提供一定的经费支持。例如，世界自然基金会与多瑙河下游及三角洲地区示范地的利益方进行合作，启动了一项为期4年的流域综合管理及生态服务补偿项目，实行以政府及市场驱动机制为主要特点的生态补偿，与包括国家及区域机构、私人企业及自然资源的使用者在内的利益方的广泛合作，推广土地和水域的可持续利用，改善生计，提高当地居民的收入。[1]

贡献国收受补偿方支付的补偿金后，则可以通过政府支付、政策倾斜、税费优惠、技术投入等方式进行转化，使贡献国国内直接从事生态投入行为或受有损失的主体得到补偿。

（二）实物补偿

实物补偿是补偿义务方以生产资料或生活资料等进行补偿。在国际河流生态补偿中，除货币补偿外，补偿权利方和义务方也可以协定以实物的方式进行补偿。例如，在哥伦比亚河流域水电梯级效益补偿中，美国和加拿大达成《美国加拿大关于哥伦比亚河流的条约》，约定美国对加拿大提供的洪水控制服务，每四个洪水周期支付一次补偿。加拿大在接受补偿的时候，既可以要求美国以输电的形式进行补偿，也可以要求美国以货币的方式进行补偿，还可以要求将二者相组合。

---

[1] 中国21世纪议程管理中心.生态补偿原理与应用［M］.北京：社会科学文献出版社，2009：29-30.

（三）项目补偿

项目补偿是补偿义务方通过提供资金援助补偿权利方某一具体建设目标的方式进行补偿。项目可以是为改善流域资源与环境状况在贡献国内实施的退耕还林还草工程、天然林保护工程、水电建设工程等，也可以是经贡献国请求，在贡献国内实施的其他工程建设项目，如农业、水利、道路以及文化、教育、卫生项目等，以补偿贡献国在流域生态环境保护上的付出。项目补偿的资金除来自受益国的官方援助外，还可申请世界银行等多边机构的援助。由于项目补偿均以某一具体的工程项目为目标，并往往与技术补偿相结合，因此补偿资金不易被挪用，也有助于提高贡献国的技术水平，补偿效率比较高。

近些年来，随着全球性环境问题的出现，项目补偿或者援助广泛应用于环境保护的各个方面。例如，《京都议定书》中确定了清洁发展机制。它是发达国家与发展中国家合作减排温室气体的灵活机制。发达国家可以通过提供资金和技术的方式，与发展中国家合作，在发展中国家实施具有温室气体减排效果的项目，帮助发展中国家能源、环境相关技术的发展，从而减少温室气体排放量，以履行发达国家在《京都议定书》中所承诺的限排或减排义务。

项目补偿是双赢行为，不仅有助于受偿国资金、技术能力的增强，也有助于补偿国增强其国际声誉。因此，如果在国际河流生态补偿中采取项目补偿的方式，即受益国在贡献国内开展某些与国际河流的利用和保护相关的项目或者双方合作开发项目，以项目充作补偿金，也不失为一种好的义务履行方式。

（四）技术补偿

技术补偿是受益国通过技术转移的方式对贡献国进行补偿。技术转移是指将制造某种产品、应用某种工艺或者提供某种服务的系统知识通过各种途径从技术供给方向技术需求方转移的活动。它包括国家之间的技术转移，技术生成部门（如研究机构）向使用部门（如企业和商业经营部门）的转移，还包括使用部门之间的转移。

技术转移最初多为技术在各领域的转移，如技术研发领域向使用领域的转移，从某一使用领域向其他使用领域的转移。"二战"后，随着国与国之间联系的日益密切，相互依赖程度的提高，技术转移日益突破国家界限，在国与国之间流动与渗透，国家间的技术转移成为技术转移的重要方面。许多国家都把引进先进的科学技术作为发展经济的重大决策。一方面，发达国家为了保住在某些领域的垄断地位，不惜以重金从国外引进先进技术；另一方面，发展中国家为了缩小与发达国家的差距，也大多采用技术引进的经济发展战略，以节约研发技术所需的巨大资金成本和时间成本。国际技术转移的方式多种多样，最基本的方式主要包括许可证贸易、特许专营、技术咨询和合作生产等。

为了应对全球性的环境问题，目前，世界各国在环保技术转移方面也进行了一系列合作。发达国家通过环保技术的转让和转移来实现环保方面的国际合作。例如，日本的通产省提出"能源效率化政策""绿色能源对策"等技术调查方案，协助中国和泰国设立能源环境技术中心，并接受技术研修生，派遣技术方面的专家。美国的"全球气候变化行动计划"呼吁各国政府一起努力，共同采取措施，减少温室效应。美国贸易促进协调委员会成立了由能源部、商务部、美国总统贸易代表处等多家政府部门组成的洁净煤技术小组，并于1995和1996财政年度拨款1亿美元，用于在发展中国家推广洁净煤技术，并建立国际项目发展基金，来促进世界各国在改善生态环境方面的共同努力。[1]

---

[1]　王胜今，景跃军．人口·资源·环境与发展［M］．长春：吉林人民出版社，2006：223．

在国际河流的利用与保护中，如果受益国在河流生态系统修复等方面拥有比较先进的技术，那么贡献国与受益国间可以达成河流生态系统修复方面的技术转移协议，以技术支援的方式抵偿部分应支付的生态补偿金。技术转移的方式可以是提供污水处理的技术指导，或者直接提供相应的设备或提供咨询服务等。

（五）信贷补偿

信贷补偿是受益国以向贡献国提供优惠贷款的方式进行补偿。优惠贷款是借款人在偿付本金外，只需向贷款人支付低额利息甚至无须支付利息的贷款。目前，在国际领域内，无息贷款已成为帮助相应国家和地区保护资源和环境的有效手段。例如，自巴米扬大佛被毁坏后，世界银行、联合国教科文组织对乐山大佛非常关注，多次派人前往景区考察。2001 年，在了解到中国政府保护历史文化遗产所做的努力后，他们决定将总数 800 万美元无息贷款中的 200 万元先汇至四川，作为综合治理维修大佛的费用。[1] 2013 年，光大国际与国际金融公司签订一项贷款协议，由国际金融公司向光大国际提供一笔总额为 7000 万美元的长期贷款，为光大国际环保水务业务的发展提供长期稳定的金融支持。贷款将重点用于环保水务业务板块的项目建设与营运，以强化集团"一站式、全方位"的环境综合治理服务实力，实现可持续的经济与社会效益。

在国际河流生态补偿中，经受益国和贡献国协商同意，也可以以优惠信贷的方式进行补偿，即受益国向贡献国提供低息或无息贷款，帮助贡献国进行经济建设，发展环境保护事业。

---

[1]　丁代书.世行无息贷款八百万美元　让乐山大佛世代长存［N］.人民日报海外版，2001-04-09.

四、补偿机构

流域机构是国家间最有效的交流平台和桥梁，在国际河流生态补偿中，也需要有相应的组织机构，来协调流域国之间的关系，预防水争端，促进水争端解决。那么，是利用已有的流域管理机构，还是重新设立新的专门负责生态补偿工作的组织机构？组织机构由哪些部分构成？具备何种职能？这些都是需要明确的重大事项。

（一）流域机构的现状

国际河流的政治边界打破了完整的流域自然界线，这使国际河流的开发、利用及保护较之内河更为复杂。各国间由于利益诉求不同、信息沟通不畅等原因互相猜疑，互不信任。因此，按《关于莱茵河航行征税条约》设立第一个国际河流的常设管理机构——莱茵河国际委员会以来，各流域国纷纷组建相关的组织机构，以便通过组织机构的协调，帮助各国互通信息、增进了解，建立信任、促进合作，最终使国际河流开发、利用及保护得以顺利进行。目前，大多数国际河流都设立了相关的流域机构。

亚洲地区比较典型的流域机构有湄公河委员会和印度河常设委员会。1995 年 4 月，湄公河委员会成立，它依托于 1957 年成立的湄公河下游调查协调委员会（即老湄公河委员会），成员国为湄公河下游的泰国、老挝、柬埔寨和越南四国，目的在于促进湄公河流域开发和管理，包括河流资源、河上航运、洪水控制、渔业、农业、发电及环境保护等所有可能产生跨越国界影响的领域的合作。印度河常设委员会是 1960 年根据《印度河水条约》由印度和巴基斯坦设立的流域机构，目的在于建立和保持双方的合作关系，研究和处理有关国际水资源问题并提出报告，处理相关争议。

欧洲地区比较著名的流域机构有多瑙河委员会、莱茵河委员会等。莱茵河委员会包括 1831 年成立的中央委员会和 1950 年成立的国际委员会两个常设机构。中央委员会根据 1831 年的《美因兹公约》设立，主要职责是负责保障莱茵河及其支流的航运自由与平等、监督有关工程的执行等。国际委员会是 1950 年在瑞士巴塞尔成立的旨在全面处理莱茵河流域保护问题并寻求解决方案而设立的委员会，其职责主要是调查莱茵河的污染情况并建议应采取的措施。

非洲地区的流域机构主要有乍得湖流域委员会、尼日尔河委员会、塞内加尔河流域治理开发委员会等。1964 年，尼日利亚、尼日尔、喀麦隆和乍得成立了乍得湖流域委员会。委员会的职责包括制定航行和运输规则、收集国际水域资料、提出国际水资源工程计划并进行研究等。尼日尔河委员会于 1964 年在尼亚美成立，该机构由 9 个成员国组成，其目的是促进各成员国相互合作，将通过开发和经营管理得来的各项经济收入用于尼日尔河流域的能源、农业、牧业、渔业、养殖等方面的发展。塞内加尔河流域治理开发委员会于 1972 年由马里、毛里塔尼亚和塞内加尔三国设立，负责流域治理开发规划和工程实施。该委员会拥有较大的权限，有权确定计划项目，并直接负责领导和监督国际水资源开发重点工程的修建。[1]

北美洲地区的流域机构主要有美国–加拿大国际联合委员会和美国–墨西哥边界和水务委员会。美国–加拿大国际联合委员会是美国、加拿大两国根据 1909 年《边界水域条约》，为防止和解决五大湖地区边界水域纠纷而成立的。该委员会有相当广泛的权力，其职责权限主要包括三项：一是审批权，委员会有权审批可能影响对方国家的跨界水资源利用项目；二是承接调查和提供咨询任务，委员会可根据成员国的要求，对具体问题进行调查研究；三是仲裁，委员有权对双方的边界水域纠纷进行裁决，该裁决为终审裁决。美国–墨西哥边界和水务委员会有行政、联络和裁决权，职责包括指导和监督将要修建的国际水资源开发工程，进行调查并提出计划。工作内容主要偏重于技

[1]　张泽.国际水资源安全问题研究［D］.北京：中共中央党校，2009：76-77.

术性问题的解决。[1]

（二）流域机构中存在的问题

如上所述，为便于协调各流域国间的开发、利用行为，平衡上、下游各国的利益，同一条国际河流的流域国间常会建立一个流域组织机构，并通过流域协议赋予此机构相应的职责和权限。从目前来看，流域组织机构虽然发挥了积极的作用，但是随着国际河流利用方式的复杂化、保护难度的加大，流域组织机构的职能权限与需求日益不相适应。主要表现在以下四个方面。

1. 未设立专门负责生态补偿的组织机构

从目前已建立的流域机构来看，其职能主要是为流域的开发、利用提供服务。流域的开发、利用在不同的历史时期有不同的内容，例如，在国际河流开发、利用初期，流域的开发、利用主要集中在航运、捕鱼等领域，之后又拓展到农业灌溉、水电开发等领域，组织机构的职能也随之发生改变。随着国际河流资源环境的日益恶化，虽然流域国间也逐渐重视国际河流的保护与治理，流域组织机构中开始增设保护职能，甚至某些流域还建立了专门的国际河流保护委员会，但是大多数国际河流组织机构对河流的保护还仅仅停留在口号阶段，没有付诸实际行动，更谈不上专门设立以流域保护为目的的生态补偿组织机构或工作组。

2. 组织机构职权有限

任何流域组织机构都不是一个超国家机构，无法拥有超越流域国的权力。它的权限都是流域国通过条约、协定赋予的。基于不同目的成立的组织机构有不同的权限，如咨询、管理、监督等权限。但是考虑到主权利益，各流域国往往不会将事项的决策权赋予流域组织机构。值得注意的是，流域组织机构成员具有双重身份，一方面代表流域国

整体利益，进行各种关系的协调；另一方面又因为成员来自各个国家，受制于各国政府，代表其国家利益，这种身份冲突随着水资源的日益稀缺，而变得更加尴尬。在各国对资源利益日益激烈的争夺下，流域组织机构的正常职能有日益被架空的趋势，在某种程度上成了各自所代表国家的传声筒。

3. 组织机构成员只来自部分流域国

目前，大部分流域组织机构成员并非来自所有流域国，只体现部分流域国的利益和目标。例如，湄公河委员会由下游泰国、老挝、柬埔寨和越南四国根据它们在泰国清莱签署的《湄公河流域可持续发展合作协定》组建，上游国中国和缅甸没有加入。而且，某些流域组织机构是以单一的开发、利用目标而设立的，难以适应流域综合开发和管理的需求。

4. 组织机构繁杂重叠

在某些国际河流，流域组织机构日趋复杂化和多样化，不仅有流域国间的流域管理机构，也有国际非政府组织、民间研究机构，还有沿岸国政府机构等。机构交叉重叠、纵横交错，有时反而使问题复杂化，纠纷更不易解决。[1]

（三）补偿机构的设置

如上所述，国际河流组织机构中存在各种问题，这些问题影响了生态补偿的组织和开展，因而需设置相应的补偿机构。

1. 补偿机构的形式

目前，国际河流的组织机构大致有以下几种形式：第一，经营性机构。这类组织机构采取公司的形式，具有经营的职能。一般由流域国间签订条约确定公司的业务范围和权限，对其实行企业经营管理，但公司的股东则是有关国家的政府，公司经营人员亦由国家委派。例

---

[1] 何大明，冯彦，胡金明，等.中国西南国际河流水资源利用与生态保护［M］.北京：科学出版社，2007：44.

如，1950 年，奥地利和联邦德国签订条约开发边界瀑布的水力资源，并根据联邦德国法律成立"奥地利 – 巴伐利亚股份公司"。第二，技术性机构。技术性机构是主要由技术专家组成的、为完成某些技术性任务而设立的机构。技术性机构又因其职能的不同分为纯技术性机构和综合性技术机构。纯技术性机构通常没有开发决策权、实施权、监督权等，设立的目的仅在于为缔约国收集与提供资料、信息，专门负责某一项工程，或某一个项目的调查研究，推动各国间的水资源及其他相关资源等方面的信息交流与合作。综合性技术机构不仅收集资料、信息，提供技术服务，通常还兼有管理、监督等其他职能。例如，1959 年埃及和苏丹设立的混合技术委员会就是一个比较典型的综合性技术委员会。它除了负责监测尼罗河上游的水文情况和增加流量外，还对工程项目进行具体指导和监督，并在必要时代表两国政府同其他沿岸国举行谈判，显然已不完全局限于技术工作的范围。[1] 第三，行政管理性机构。此类机构有较完善的管理规则和规章制度，有一定的管理权限。有些行政管理机构权限较小，实际上只起咨询和协调作用；有些行政管理机构则被赋予了较大的权限。第四，综合开发性机构。这类机构设立的目标在于通过组织协调，实现整个流域的全面开发。例如，在 1972 年《美国和加拿大关于大湖水质的协定》签订后，美国与加拿大根据此协定建立的国际联合委员会，职能范围从边界事项扩大到联合开发、防治污染等领域，具有监督、交流信息、处理争议等多项职能。一般来说，综合开发性机构除了负责管理、监督、调查研究、协商、交流情况、纠纷调解外，还力求组织协调流域开发事项，职能较全面，因而是国际河流委员会的发展方向。

对于国际河流生态补偿组织机构应采取哪种形式，本书认为，不能一概而论。如果缔结生态补偿条约的贡献国和受益国都同属于综合性行政管理性机构或综合开发性国际河流委员会的成员国，那么在其

---

[1]　盛愉，周岗.现代国际水法概论 [M].北京：法律出版社，1987：223-226.

下设立一个工作组即可，专门负责生态补偿有关事宜。例如，美国与加拿大之间如就生态补偿事宜签订条约，则可在国际联合委员会下设立一个生态补偿工作组，调派相应人员具体负责生态补偿的基础调查、组织实施、监管。如果某些生态补偿条约的缔约国不是综合行政管理性机构或综合开发性国际河流委员会的成员国，则需组建一个新的生态补偿委员会来实施生态补偿。例如，中国不是湄公河委员会的成员国，如果中国和下游国间就生态补偿达成协定，则需要由缔约国间专门成立一个组织机构来负责生态补偿的相关事宜。对于新设机构的定位，本书认为，以既具备技术调查、研究职能，又拥有一定自主权的综合性机构为最佳。因为，一方面，要确定生态补偿标准、补偿方式、受益国的获益、贡献国的实际贡献量等重要问题，为生态补偿提供信息、技术支撑，需要赋予流域生态补偿机构一定的技术调查、研究职能；另一方面，为了协调受益者与贡献国的分歧，监督生态补偿协定的执行，还需赋予机构一定的资金安排能力和相应的自主决策权力。

当然，任何流域机构都不可能是超国家机构，生态补偿组织机构也是如此。它采取何种形式取决于国家间的协议。而且，任何流域机构都具有天生的弱点，无论其采用何种形式，也难以从根本上消除流域国国家机制、国家目标、经济发展模式等差异造成的管理滞后性。因此，在国际河流生态补偿中，也不存在一种最佳的组织机构模式。无论采取哪种组织形式，只要其能推动各流域国间在生态补偿领域的合作，有益于流域资源与环境的保护，其设立的目的就已达到。

2. 补偿机构的组成人员

在成员组成上，本书认为，主要应包含以下几类。

首先，补偿的提供者与收受者。如果提供者为受益国，那么，组成人员就应来自受益国和贡献国。如果提供者为国际组织如世界自然基金会、世界银行等，那么，组成人员就应包括生态投入行为的实施者及世界自然基金会、世界银行等资金的提供者。如果提供者不仅有受益国，贡献国还争取到国际组织的资金援助，那么，组成人员中应来自受益国、贡献国、国际组织三方。其中，需要特别注意的是，组织机构成员中的受益国和贡献国皆指缔结或参与生态补偿条约的受益国和贡献国。因为，在一个流域中，存在多个受益国和贡献国，某些流域国可能由于各种原因拒绝进行生态投入或拒绝提供补偿。没有参与生态补偿条约，按照国际法规定，自然不能受条约约束。

其次，专业人员。在国际河流生态补偿中，是否应予补偿、如何补偿等问题都涉及各专业领域，如需要统计参数目录、监测频率、建立数据网络，需研究采取何种经济、技术等手段保护环境，需要收集水文资料数据，需厘定各行为主体的法律关系等。因此，为保证生态补偿的客观公正，生态补偿组织机构中需要相关专业人员，如法学家、技术专家、水文学家、工程师、经济学家、环保学家等。

最后，第三方。贡献国和受益国可邀请第三方，如国际性环保组织，加入生态补偿机构。第三方可以是个人，如权威国际机构领导人、著名法官等，也可以是开发机构，如世界银行、亚洲开发银行等，还可以是国际非政府组织。近些年，这些国际组织、机构、个人在国际河流开发与保护中发挥着越来越重要的作用。例如，世界银行为《印度河水条约》的签订作出了巨大贡献，不仅协调了印度与巴基斯坦间长期的水争端，而且为相关水利工程的修建提供了重要的援助。此外，有关国际河流利用和保护的国际环保非政府组织发展迅速，影响力越来越大。例如，设在美国加州大学伯克利分校的"国际河流网络"机构是一个致力于维护流域生物多样性，努力阻止破坏大坝，推进水务及能源问题合理解决，实现社会公正及可持续发展的非营利性环保组织，它目前主要的工作为监测水利工程项目，收集有关信息并予以传播，帮助安排研讨会、交流会等以加强上、下游国间的联络。又如，亚洲河流生态修复网是一个致力于亚洲河流生态保护与修复技术交流的非政府组织，由中国河流生态修复网络、日本河流生态修复网络、韩国河流生态修复网络以及其他一些地区组织组成，致力于构建一个河流生态修复信息交流的平台，共享、借鉴河流生态修复的先进技术和成功经验。因此，如果在生态补偿委员会中有第三方成员，则可通过第三方的参与，获得有关生态修复的相关技术、成功经验、专家资源和信息等，为国际河流生态补偿提供资金和技术，为生态建设规划提供建议，对生态补偿的开展进行监督、评判，促进贡献国和受益国间的合作。

3. 补偿机构的职能

生态补偿机构应具备哪些职能，应由生态补偿条约和生态补偿机构自身的章程详细规定。本书认为，要使生态补偿得以较顺利地进行，生态补偿机构的职能范围大致应包含以下方面。

第一，基础调查职能。在国际河流生态补偿中，要确定受益国给付多少补偿、贡献国获得多少补偿，就必须对贡献国为国际河流资源保育和生态环境保护所做贡献大小，受益国获得生态效益的多少进行评估。要实现这一目的，必须赋予生态补偿机构基础调查职能，以便其对国际河流各河段生态保护行为实施前后的资源状况、水质状况、经济发展状况进行调查摸底，为贡献国与受益国之间是否补偿、补偿多少提供依据。例如，在美国哥伦比亚河流域水电梯级效益补偿中，双方签订的条约就赋予了工程委员会基础调查的职能。工程委员会可对哥伦比亚河流和库特奈河在加拿大和美国的交界处的流量记录进行评估，一旦发现水力发电和洪水控制中存在的问题，就会提出补救方案和补偿调整办法，并报告美国和加拿大政府；同时，工程委员会还可就两国或两国的有关单位在技术问题上的分歧和差异提供智力支持。

第二，组织协商职能。协商有利于受益国和贡献国在平等、友好的氛围中交换意见，达成谅解，消除误解与猜疑。因此，组织协商应是生态补偿机构的重要职能。生态补偿机构应通过召开定期会议等方式，为贡献国和受益国提供交流意见和看法的平台。尤其在国家关系紧张时，委员会更要充分发挥其居中协调的作用，帮助消除成员方之间的矛盾。例如，印度和巴基斯坦两国长期不和，而印度河委员会的存在使两国能经常保持联系，及时解决有关的问题。

第三，监督职能。为保证生态补偿条约的切实履行，应赋予生态补偿机构以监督职能，负责对贡献国、受益国等各方履行职责的情况进行监督、检查，定期向有关缔约国政府提交相关的报告。同时，一旦发现某方存在违反条约的行为，补偿机构还有责任向主管当局提出异议并要求其纠正。例如，在美国哥伦比亚河流域水电梯级效益补偿中，为确保条约的公正履行，工程委员会对条约双方进行有效监督和周期性的检查，并将检查结果报告给美、加双方；就条约的执行所产生的效果至少每年要向美国和加拿大汇报一次，并就自己认为需要引起重视的问题提交报告；应美国或加拿大任何一方的邀请，就涉及的问题进行调查。

第四，调解职能。目前，很多国际条约都规定流域机构有权调解和处理流域国间争议，受理各种申诉意见，只有在流域机构无法解决时才提交政府处理或由国际司法或仲裁机构审理。在国际河流生态补偿引发的争端中，也适宜由生态补偿机构先行调解，如能通过其调解在内部就解决争议，则大大节约了各种成本，也能防止矛盾激化。

五、救济方式

"无救济，即无权利。"在国际河流生态补偿中，一旦受益国拒绝履行其补偿义务，或者贡献国未完成约定的生态保护事项，就会在受益国和贡献国间产生争端。传统的国际争端解决方法有强制性和非强制性两大类。强制性的如战争、使用武力或武力威胁、报复、平时封锁和干涉等，非强制性的包括法律解决办法和政治解决办法。以武力等强制性方式来解决争端对各方都是不利的，它会激化各国矛盾，加剧国际关系的紧张，不利于国际和平，最终也无助于争端的有效解决。因此，非法使用武力解决国家间争端的强制方法为现代国际法所禁止，流域各国在发生水资源利用冲突时，最好选用法律解决办法或政治解决办法。

根据国际水法理论及实践，因国际河流生态补偿发生争端时，当事国可通过以下途径主张其权利、获得救济。

（一）政治解决方法

政治解决方法，也称为外交方法，是指法律方法以外的争端双方解决方法和争端双方以外的第三方解决方法。[1]

国际河流生态补偿问题导致的争端具有很强的政治性和复杂性，因而更适合采取政治方法解决。政治方法包括谈判和协商、斡旋和调停、调查与和解等。

1. 谈判和协商

谈判和协商是国家间为了解决矛盾、冲突，进行直接的交涉和接触，以澄清事实、阐明观点、消除误会，增进了解和信任，最终寻求各方都能接受的解决方式。协商与谈判既相互联系，又相互区别。从两者的联系来看，协商是谈判的基础，谈判的过程中也可以不断协商，两者不可能截然分离。从两者的区别来看，谈判通常排除争端当事方之外的第三方介入，而协商的参与方一般为争端当事方，但在一定条件下也可容许第三方参与；谈判具有较强的对抗色彩，侧重在讨价还价的基础上凭借自己的谈判实力使对方接受自己的要求，协商则一般在比较轻松、友好的氛围下进行，注重在平等互谅的基础上求同存异。

与其他政治解决方法相比，谈判和协商有其优点，也有其缺点。优点体现在：其一，争端当事国直接会晤，有利于阐明观点，增进了解，

---

[1]　邵津.国际法［M］.北京：北京大学出版社，2011：415.

维持当事国间的友好关系，达成的解决方案因是当事国经过权衡自愿选择的，也易于得到当事国的遵守和执行；其二，一般情况下，谈判和协商无第三方介入，有利于保守秘密，节省费用；其三，形式多样，可以采用口头形式，也可采用书面形式，还可两种形式并用。

正因为谈判和协商具有以上优点，在国际河流开发、利用和保护引发的争端中，协商与谈判应是争端当事国解决争端的首选方式，许多国家法律文件都作了如此规定。例如，《国际河流利用规则》第30条规定，"国家之间发生了第26条所指的法律权利或其他利益争议时，应通过谈判寻求解决方案"；《国际水道非航行使用法公约》第33条第1、2项规定，"如果两个或两个以上缔约方对本公约的解释或适用发生争端，而它们之间又没有适用的协定，则当事各方应根据下列规定，设法以和平方式解决争端。如果当事各方不能按其中一方的请求通过谈判达成协议，它们可联合请第三方进行斡旋、调停或调解，或在适当情况下利用它们可能已经设立的任何联合水道机构，或协议将争端提交仲裁或提交国际法院"。

所以，在国际河流生态补偿引发的争端中，争端当事国应尽量谋求通过谈判或协商解决争端，以便在没有第三方介入的情况下，开诚布公地、友好地、经济地解决争端，分配和履行权利、义务。而且，如果国际河流生态补偿受益国与贡献国间按生态补偿条约成立了生态补偿机构，那么补偿机构在争端国的谈判和协商中应起到积极作用，促成各国交流意见、交换看法、协调矛盾和冲突。

但是，谈判和协商的方法也有其固有的弱点。一是谈判往往需耗费大量时间，动辄需花费数年的时间。例如，埃及与埃塞俄比亚之间因尼罗河水分配问题产生争端，两国间进行了长期的谈判、协商，从争端初始到合作框架协议的达成，竟耗费了20多年；印度与孟加拉国之间关于恒河法拉卡大坝项目的争端，从1962年印度建坝开始直至两国于1977年签订条约，历时15年才完成。二是谈判和协商的结果受争端国实力影响，综合实力较弱国家在谈判中更容易处于不利、被动地位。三是在争端发生后，当事国是否通过谈判、协商达成解决问题的方案，取决于争端当事国解决纠纷的愿望或诚意。如果一方甚至各方都毫无诚意，谈判、协商就无法进行。正因为如此，争端当事国如果通过谈判和协商无法达成解决争端的协议，争端当事国就必须谋求其他方式来解决。

2. 斡旋和调停

除谈判和协商外，斡旋和调停也是经常使用的和平解决国际争端的政治方法。斡旋和调停是指在争端当事国间不能通过谈判和协商解决争端时，第三方主动或应争端国的邀请采取有助于促成当事国直接谈判、协助当事国解决争端的行动。斡旋和调停属于两种不同的和平解决方法：斡旋是由第三方进行各种有助于促成当事国直接谈判的行动，包括促成争端国开始谈判，促使业已中断的谈判或未达成协议的谈判重新进行，但担任斡旋职责的第三方并不直接参与争端国的谈判；调停则是第三方为了和平解决争端直接参与当事国间的谈判。斡旋和调停也具有很多共同点，以至于在国际实践中对它们常不作严格区别。它们的共同点表现在：其一，斡旋和调停都可以出于争端当事国的请求，也可以由第三方自行提出；其二，无论是斡旋还是调停，第三方都不能将自己意见或建议强加于当事国；其三，斡旋或调停终了，无论争端是否解决，第三方的任务都告终结，并且不需要承担任何法律责任。

通过第三方的介入解决国际河流水资源冲突的例子很多，最典型的莫如世界银行在印度和巴基斯坦关于印度河水分配争端中的调停。1947年印巴分治后，两国在水资源的分配上出现争议，谈判无果。后由世界银行介入调停，印巴双方于1952年在世界银行参与下重启谈判，并于1954年同意接受世界银行提出的解决方案。1960年，世界银行提出《印度河水条约草案》，随后，印、巴和世界银行三方签署了条约，印、巴超过12年的河水争端得到解决。

因此，在国际河流生态补偿中，如果产生争端，经过谈判协商无法达成解决办法时，受益国或贡献国可邀请第三方就此争端进行斡旋和调停。受邀的第三方可以是具有较大影响力并被认为能够主持公平正义的国家、国际组织，甚至个人。尤其是国际组织，在国际争端解决中发挥着越来越重要的作用。目前，联合国已有专门的水资源冲突协调机构，即联合国教科文组织及国际基础设施、水利与环境工程研究所下设的水教育研究所，其主要职能是通过专家对国际河流水资源冲突的原因进行评估，向冲突当事国提出建议。[1]在国际河流生态补偿中发生分歧时，争端方可提请其进行协调，促成争端各方进行谈判，并提出建议。

3. 调查与和解

除谈判和协商、斡旋和调停，调查与和解（或调解）也是国际争端中常用的政治解决办法。调查是指在国际争端中，争端当事国同意由一个国际性机构通过一定方式调查有关争议的事实，查明事实真相，以助于合理解决争端。和解（或调解）是指争端当事国将争端提交给由若干人组成的和解（或调解）委员会，委员会通过对有关争议事项进行调查，在此基础上提出调查报告和解决争端的建议，促使争端各当事方相互妥协达成（或调解）协议以便实现和解。和解（或调解）不同于调查，其目的是通过和解委员会的工作，协助和推动当事国就解决争端达成协议，而调查则是由调查委员会查明事实，在此基础上由争端当事国自行解决争端。

在国际水法中，《国际河流利用规则》和《国际水道非航行使用法公约》中都规定了在谈判和协商、斡旋和调停不能解决争端时，争端当事国可请求调查与和解。《国际河流利用规则》第33条规定，"如果有关国家对于其法律权利发生争议而不能通过谈判解决，亦不能就第31条和第32条规定的措施达成协议，则建议这些国家成立调查委

---

[1] 谈广鸣，李奔.国际河流管理［M］.北京：中国水利水电出版社，2011：187.

员会或专门设立调解委员会，力求找到能为有关国家所接受的解决办法"；《国际水道非航行使用法公约》第 33 条第 3 款规定，"在符合第 10 款的运作情况下，如果在提出进行第 2 款所述的谈判的请求 6 个月后，当事各方仍未能通过谈判或第 2 款所述的任何其他办法解决争端，经争端任何一方请求，应按照第 4 款至第 9 款将争端提交公正的实况调查，除非当事各方另有协议"。

但是，调查与和解主要适用于基本事实不清的争端。在国际河流生态补偿中，生态补偿条约通常会详细规定各方的权利与义务。因此，因国际河流生态补偿履行发生的争端一般不属于事实不清的争端，不需要提请调查。而且，尽管调查与和解机构所提出的调查报告和解决争端的建议，在一般情况下对争端各方不具有法律拘束力，但是在国际实践中，绝大多数国家仍不愿意将涉及本国重大利益的问题甚至本国秘密的问题交由他方调查。因此，如果受益国拒绝对贡献国进行补偿引发争端，主要应通过谈判和协商、斡旋和调停的方式来解决争端，不适宜采用调查与和解的方式。

（二）法律解决方法

谈判和协商、斡旋和调停等政治解决方法是和平解决国际争端的重要方法，有其积极的意义，但也存在一定的局限性，例如，其往往耗时太长，缺乏效率，双方实力悬殊或利益冲突较大时不易达成解决争端的协议。因此，当政治方法难以解决问题，不能保障受损方权益时，也需要寻求法律方法来解决争端。国际仲裁或国际诉讼就是受损方可以寻求救济的主要法律方法。

1. 国际仲裁

国际仲裁是争端当事国根据协议，将争端提交它们选任的仲裁员来裁判，并承诺服从裁决的国际争端解决方法。国际仲裁不同于和解，和解虽需由和解（调解）委员会提出解决方案，但方案没有法律约束力。

国际仲裁也不同于司法方法，司法方法虽然也通过裁判作出有拘束力的决定，但司法机构非当事国建立，不受当事国影响。[1]国际仲裁具有以下特点：其一，仲裁是争端当事国自愿接受的一种法律程序，并且当事国有权自己选择仲裁员；其二，仲裁裁决是依据法律作出的，而且争端当事国有权选择仲裁所依据的法律；其三，仲裁裁决对争端当事国有约束力。

目前，通过仲裁方法来解决因国际河流资源与环境发生的冲突的案例，较典型的有 1957 年国际法院拉努湖仲裁案。拉努湖是比利牛斯山上最大的湖之一，它发源于法国领土并自然流入卡洛河，该河流入西班牙汇入塞格雷河，最终流入地中海。1956 年，法国决定拦截拉努湖经卡洛河流往西班牙的河水，以增加拉努湖的贮水量，同时将亚里埃奇河水引入卡洛河作为补偿。西班牙反对法国的这项工程，指责法国违反两国在 1866 年签订的《贝约纳协定》。对此争端，法国和西班牙同意提交仲裁解决。两国于 1956 年 11 月 19 日在马德里签订仲裁协议，组织仲裁法庭进行仲裁。1957 年 11 月，仲裁法庭作出裁决，裁定"法国在拉努湖的分道工程计划已充分考虑下游国的利益，并已征求过下游国西班牙的意见，它没有等待西班牙同意的义务，并认为这种事先同意是对一国主权的重要限制，在国际法中找不到这种限制的依据。因此，法国自行实行这项计划，没有违反 1866 年条约的规定"。仲裁法庭同时认为，"法国有权行使其权利，但它不得无视西班牙的利益；西班牙有权要求它的权利得到尊重和它的利益得到考虑"。通过仲裁，西班牙和法国间的争端得以成功解决。[2]

2. 国际诉讼

国际诉讼是指争端当事国将它们之间的争端提交给一个事先成立的，由独立的法官组成的国际法院或国际法庭，根据国际法，对争端

[1]　王献枢. 国际法［M］. 北京：中国政法大学出版社，1994：425.
[2]　林灿铃. 国际环境法［M］. 北京：人民出版社，2004：52.

当事国作出具有法律拘束力的判决。国际诉讼与仲裁的区别在于以下
四个方面。其一，国际法院或国际法庭是固定的、事先组成的，而不
像仲裁庭是临时组成的。其二，国际法院或国际法庭的法官是由有关
国家事先和定期选举产生的，不取决于争端当事国的选择，而仲裁员
则是由争端当事国为特定案件选定的。其三，国际法院或国际法庭审
理案件时适用国际法，而仲裁庭裁决所适用的法律需要争端当事国一
致同意。其四，国际法院或国际法庭的判决具有法律拘束力，当事人
有义务执行判决，如不执行，安理会可提出建议或决定应采取的方法。
仲裁裁决对提交仲裁的各争端当事国具有法律拘束力，但裁决的执行
要依靠当事国的自觉履行。

　　目前，通过司法方法来解决因国际河流资源与环境发生的冲突
的案例，较典型的有 1993 年盖巴斯科夫 – 拉基马洛大坝案。1977 年，
匈牙利和捷克斯洛伐克签订《布达佩斯条约》，决定共同在多瑙河上
修建拦河坝系统以利用河水发电。1988 年，匈牙利国会认为该河流
的生态利益高于该项目的经济利益，因而命令政府重新评价该项目。
匈牙利政府于 1989 年决定中止该项目的建设。然而捷克斯洛伐克于
1991 年决定继续建设该项目并单方面将近 2/3 的多瑙河水截引至其
领土上。由于这一决定对匈牙利的环境和经济带来重大影响，1992
年 2 月，匈牙利对捷克斯洛伐克的这一决定提出正式抗议。在欧共体
出面调解无效后，两国将争端提交国际法院裁决。国际法院否认了
匈牙利关于该工程具有严重而紧迫的生态危险的声明，认为匈牙利
无权从 1992 年 10 月起施行"临时解决办法"；两国必须进行有诚
意的谈判，采取措施保证经双方同意修改后的《布达佩斯条约》的
目标的实现；两国必须根据《布达佩斯条约》制订一个联合营运方案；
对因匈牙利中止并放弃应当负责的工程给捷克斯洛伐克造成的损失，
应进行赔偿；反之，捷克斯洛伐克对其实施并继续使用"替代方案 C"

给匈牙利造成的损失也应赔偿。[1]

虽然，许多国际公约、条约等有"将争端提交仲裁或司法解决"的条款，在实践中也有相关成功案例，但很多国家在发生争端时还是会尽量避免通过司法方法解决争端。究其原因，一方面，是对国际机构的工作效率、解决问题能力等方面持不信任态度；另一方面，是不愿意在本国所涉争端的解决上，受到他国和国际机构有约束力的影响，从而处于被动状态。长期以来，我国在缔结或参加一些国际公约、条约时，也对"将争端提交仲裁或司法解决"的条款采取保留或回避的态度，因为我国政府始终认为国家间的分歧和争端是彼此间内部的事务，按照《联合国宪章》等国际法有关"不干涉任何国家国内管辖事件"与"尊重各民族权利平等与自决"原则，产生国际争端或冲突的国家应在平等合作的基础上和平协商解决分歧，而不应在其他国家的干涉下解决或仲裁。所以，我国在讨论《国际水道非航行使用法公约》时因其规定强制性的事实调查方法和程序对该原则投了反对票。[2]

因此，在因国际河流生态补偿产生的争端中，贡献国可以通过国际仲裁或诉讼的方式来主张权利，但是应首先穷尽政治方法，法律方法只能作为在政治方法不能解决争端情况下的补充。

---

[1] 吕忠梅.环境法［M］.北京：高等教育出版社，2009：261.

[2] 何大明，冯彦，胡金明，等.中国西南国际河流水资源利用与生态保护［M］.北京：科学出版社，2007：18.

第六章　我国在国际河流生态补偿制度构建上应有的立场与对策

第一节　我国国际河流的特点

我国境内河流众多，不仅有内河，也有很多国际河流。据不完全统计，我国共有大小国际河流（湖泊）42 条，数量居世界前列。如果将单独出境的支流计算在内，我国的国际河流数量将超过 110 条，仅次于俄罗斯和阿根廷。在流经我国的国际河流中，不仅有界河，也有入境河流和出境河流，它们广泛分布于我国的东北、西北及西南地区。我国主要国际河流分布情况如下表。[1]

地区	河名	流域面积（万平方千米）		干流长（千米）		发源地	流经国家
		总面积	中国境内	总长	中国境内		
东北地区	黑龙江	184.3	88.3	3420	2854	中国内蒙古自治区	中国、俄罗斯、蒙古国
	鸭绿江	6.45	3.25	816	816	中国吉林	中国、朝鲜
	图们江	3.32	2.29	505.4	490.4	中国吉林	中国、朝鲜、俄罗斯
	绥芬河	1.73	1.00	443	258	中国吉林	中国、俄罗斯

---

[1]　数据来源：何大明，汤奇成等．中国国际河流［M］．北京：科学出版社，2000：3.

续表

地区	河名	流域面积（万平方千米）		干流长（千米）		发源地	流经国家
		总面积	中国境内	总长	中国境内		
西北地区	额尔齐斯河–鄂毕河	292.9	5.70	4248	633	中国新疆	中国、哈萨克斯坦、俄罗斯
	伊犁河	15.12	5.67	1237	442	哈萨克斯坦	中国、哈萨克斯坦
	阿克苏河	5.0	3.1	589	449	吉尔吉斯斯坦	中国、吉尔吉斯斯坦
西南地区	伊洛瓦底江	43.1	4.33	2150	178.6	中国西藏	中国、缅甸
	怒江–萨尔温江	32.5	14.27	3200	1540	中国西藏	中国、缅甸、泰国
	澜沧江–湄公河	80.0	16.70	4880	2129	中国青海	中国、缅甸、老挝、泰国、柬埔寨、越南
	珠江	45.37	约45.37	2214	2214	中国云南	中国、越南
	雅鲁藏布江–布拉马普特拉河	93.8	23.92	2900	2229	中国西藏	中国、不丹、印度、孟加拉国
	恒河	107.3	0.23	2700	49	中国西藏	中国、尼泊尔、印度、孟加拉国
	印度河	116.6	2.49	2880	419	中国西藏	中国、印度、巴基斯坦、阿富汗
	元江（红河）	11.30	7.40	1280	677	中国云南	中国、越南、老挝

我国国际河流具有以下特点：

第一，数量居世界前列。我国有 15 条主要国际河流，数量仅次于俄罗斯和阿根廷，与智利并列为世界第三位。我国国际河流涉及 19 个国家，其中 14 个国家为毗邻的接壤国。我国国际河流影响了包括中国在内的约 30 亿人口，约占世界总人口的 46%。[1]

我国国际河流从北向南、从东向西依次为：黑龙江、绥芬河、图们江、鸭绿江、额尔齐斯－鄂毕河、伊犁河、阿克苏河、印度河、恒河、雅鲁藏布江－布拉马普特拉河、伊洛瓦底江、怒江－萨尔温江、澜沧江－湄公河、元江－红河和珠江。我国国际河流中不乏在亚洲甚至在世界上有重大影响的大河。例如，雅鲁藏布江为世界上海拔最高的大河，平均海拔在 4500 米左右；澜沧江－湄公河是亚洲最重要的跨国水系，世界十大河流之一。

第二，位置多居于上游。我国的国际河流主要分布在东北、西北及西南三个区域。在东北地区，国际河流以边界河流为主要类型。界河（湖）的边界线总长为 5000 千米以上。[2]例如，鸭绿江是中国和朝鲜的界河，图们江是中国、朝鲜和俄罗斯的界河。黑龙江、额尔古纳河、乌苏里江是中国和俄罗斯的界河。东北地区的国际河流具有水量丰沛、资源丰富、通航里程长的特点。

在西北地区，国际河流类型复杂，既有出入境河流，也有界河。出境河流主要有额敏河、伊犁河、额尔齐斯河。额敏河，发源于中国，流入哈萨克斯坦，注入阿拉湖。伊犁河、额尔齐斯河两河情况复杂，不仅干流源于我国，流经多个国家，而且还有部分支流为我国与他国的界河。这给水文测验和计算带来困难，需要花费大量人力、物力来测算出入水量和水质。例如，额尔齐斯河主流发源于中国新疆维吾尔自治区富蕴县阿尔泰山，为中国、哈萨克斯坦跨界河流，还向北流经俄罗斯。伊犁河发源于中国与哈萨克斯坦边境地区的天山，为中国与哈萨克斯坦两国跨界河流。入境河流主要有乌伦古河、阿克苏河。乌伦古河主要支流青格里河发源于都新乌拉山，另一大支流布尔根河发源于蒙古境内，两河汇合后始称乌伦古河。阿克苏河

---

[1] 何大明，冯彦，胡金明，等．中国西南国际河流水资源利用与生态保护［M］．北京：科学出版社，2007：20.
[2] 谈广鸣，李奔．国际河流管理［M］．北京：中国水利水电出版社，2011：99.

发源于吉尔吉斯斯坦，流经我国。除出境河流与入境河流外，还有一些国际河流为界河，如霍尔果斯河。西北地区的河流河水广泛来源于雨水、冰川融水、季节融雪、地下水等各个方面，水力资源丰富，但随着各国社会经济的迅速发展，对水资源的需求猛增，导致水资源竞争利用加剧。

在西南地区，国际河流以出境河流为主要类型。例如，伊洛瓦底江、怒江－萨尔温江、澜沧江－湄公河、珠江、雅鲁藏布江－布拉马普特拉河、恒河、印度河、元江－红河等发源于我国西藏、青海、云南等地，流经缅甸、泰国、老挝、柬埔寨、越南、印度、孟加拉国、巴基斯坦等国家。该地区的河流河水主要来源于冰雪融水、雨水、地下水等，水量丰富，但由于地形地势等原因，开发难度较大，碍航因素多。

第三，水量贡献大。我国国际河流境内河段具有坡度大、水流湍急、水能蕴藏量丰富的特点，它们为我国和其他流域国贡献了丰富的水量。首先，国际河流水资源是我国工农业生产和人民生活所需水资源的重要来源。据统计，我国国际河流在我国境内的年径流总量为10000多亿立方米，约占我国河川年径流总量的38%以上，相当于长江河口多年平均年径流量。[1] 其次，它们为流域其他国家提供了丰富的入境水量。我国境内国际河流水量丰富，是众多下游国的水塔。例如，"世界屋脊"青藏高原平均海拔在4000米以上，它是长江和黄河的发源地，也是亚洲众多国际河流如恒河、澜沧江－湄公河、雅鲁藏布江－布拉马普特拉河、怒江－萨尔温江、伊洛瓦底江、印度河的发源地，因此，它不仅是中华民族的水塔，也是东南亚、南亚的水塔。其中，源头位于中国西藏喜马拉雅山脉的雅鲁藏布江水量丰富，水能蕴藏量在中国仅次于长江，出境的年径流量为1400亿立方米。我国作为境内大多数国际河流的上游国，出境水量远大于入境水量，为其他国家输送了

---

[1] 何大明，汤奇成，等.中国国际河流［M］.北京：科学出版社，2000：8.

丰富的水资源。以《中国水资源公报》发布的数据为例。[1]

水量＼年度	2013 年	2014 年	2015 年	2016 年	2017 年	2018 年	2019 年
从国境外流入我国境内的水量（亿立方米）	214.9	187.0	213.6	179.9	218.6	205.7	195.0
从我国流出国境的水量（亿立方米）	5282.2	5386.9	5139.7	6083.6	6250.4	6109.1	5521.8
流入界河的水量（亿立方米）	2299.1	1217.8	1061.2	1124.6	934.2	1255.5	1660.1
全国入海水量（亿立方米）	15606.4	16329.7	17600.9	20825.5	16941.3	15598.7	17535.9

从以上七年的数据可以看出，从我国流出国境和流入国际界河的水量保持在一个相对均衡的状态，并没有如"中国水威胁论"中所说，中国在上游修建水电工程大大减少了流入下游国的水量，而且，我国的出境水量是入境水量 20~30 倍，水量贡献很大。

第四，流域资源丰富。我国国际河流流域地广人稀、资源富饶，拥有丰富的水资源、土地资源、林业资源、矿产资源、生物资源等。一方面，水能资源丰富，流域国可以充分利用水能资源用于发电、灌溉、航运、渔业、旅游、生态等。另一方面，其他资源如土地资源、林业资源、矿产资源、生物资源等也比较丰富。在矿产资源上，我国国际河流流域内的矿产资源不仅品种齐全，而且规模大、品位高。例如，新疆的煤炭、石油资源丰富，铍、锂、铌、钽等金属储量位居世界前列，新疆还是我国玉石的主要产地；西藏是硼矿的主要储地之一；云南矿产资源丰富，如滇西兰坪金顶铅锌矿储量高达 1400 万吨以上，矿石品位高，是中国最大、世界上也属罕见的铅锌矿床，

---

[1]　数据来源：2013—2019 年中国水利部发布的《中国水资源公报》。

云南个旧早已享有"锡都"的美称。在生物资源上，中国的云南，以其独特的气候资源一向有"植物王国"的美称，其中包括了许多珍贵的药用植物、观赏植物，它也是芳香植物的基地。澜沧江－湄公河水系的西双版纳州，更有美登木、三尖杉、云南肉豆蔻等许多珍稀树种。同时，西双版纳州又是中国包括亚洲象、金丝猴在内的珍稀野生动物的乐园。黑龙江流域是世界红松的故乡，其他如落叶松、樟子松、冷杉等面积和木材蓄积量约占中国总量的1/3，目前仍是全国最主要的木材采伐基地。新疆的森林也主要分布在国境上的伊犁河和额尔齐斯河流域，巩留县山区的原始雪岭云杉最大胸径可达1.6米。在土地资源上，我国国际河流流域是中国主要后备耕地资源基地。资料显示，我国荒地资源中开发条件较好、质量较高的宜农荒地约5000万亩，主要分布在黑龙江流域，其次是新疆。[1]

第二节　我国当前面临的国际国内形势

一、"中国水威胁论"的提出

近些年来，除了传统的中国经济威胁、军事威胁、能源威胁、环境威胁、人口威胁论外，又产生了"中国水威胁论"。

"中国水威胁论"可追溯至20世纪末，源于因缺水将引发的粮食短缺问题。1998年7月6日，莱斯特·布朗和布莱恩·霍韦尔在美国《世界观察》发表了《中国缺水将动摇世界粮食安全》的文章，认为中国日趋严重的缺水将导致中国粮食减产，而要满足12亿人口生存所需粮食，必须大量依赖进口，这将推动世界粮价上涨，并导致第三世界国家的社会和政治动荡。

除了粮食版本的"中国水威胁论"外，其他各种版本的"中国水

[1]　何大明，汤奇成，等.中国国际河流［M］.北京：科学出版社，2000：8-10.

威胁论"也层出不穷、甚嚣尘上。

在流域国中，印度和俄罗斯等国屡次在国际上发表"中国水威胁论"言论。2006 年 10 月，《印度时报》报道，中国将在雅鲁藏布江兴建水坝，每年将把 2000 亿立方米的水引到黄河流域，"一旦这项西水东调工程计划完成，印度与孟加拉国将面临严重的水源匮乏危机，更重要的是，两国从此将在水源战略问题上受到中国的摆布"。而印度媒体也对中国横加指责，认为开发雅鲁藏布江水资源是一场"中国的生态阴谋"。2009 年 8 月，《南华早报》发文称，水资源日益成为中印关系中的重大安全问题，"中国在西藏的灌溉和水利系统将是西藏水资源作为制约印度的水炸弹"。印度学者布拉马·切拉尼也多次发文称，"水是中国的新武器""中国将跨境河流作为'政治武器'威胁下游国家""中国正以现代历史上无与伦比的姿态崛起成为一个'水上霸主'"。[1] 额尔齐斯河下游的俄罗斯国内主流媒体也屡次发文称"中国将夺取西伯利亚水资源"。2005 年 9 月 14 日，俄罗斯《消息报》刊登一则报道称，"中国将把额尔齐斯河支流黑额尔齐斯河的大量水资源引向中国西部地区，同时夺走了俄罗斯和哈萨克斯坦两国的水资源"。报道甚至单方面援引鄂木斯克州州长波列扎耶夫的话，煞有介事地预测"俄罗斯可能因此有一百多万人缺水，几十家企业停产"。[2] 2006 年 9 月 13 日，俄罗斯《独立报》刊载一篇文章称，"到 2015 年中国以及南亚和东南亚的周边国家将急剧增加对水的需求。中国是这一地区的水源国。中国未来将利用这些跨境水资源作为有效工具制约亚洲"。[3]

除了流域国外，某些非流域国也热衷于在中国水问题上大做文章、推波助澜。例如，2011 年 8 月 31 日，英国《金融时报》刊发印

[1]　环球网.炒作中国控水威胁[EB/OL].(2011-10-20)[2013-06-21].http://world.huanqiu.com/roll/2011-10/2102338.html.
[2]　赵嘉麟.俄罗斯夸大其词 称中国将夺取西伯利亚水资源[N].国际先驱导报,2005-09-23.
[3]　姜文来.警惕和应对"中国水威胁论"[EB/OL].(2006-11-19)[2013-05-20].http://www.gmw.cn/content/2006-11/19/content_507749.htm.

度新德里政策研究中心教授齐拉尼撰写的《水是中国的新武器》一文，妄称中国将跨境河流作为"政治武器"威胁下游国家。2008年5月13日，美国合众国际社发表文章《未来中国与印度的水战》称，中国正计划截流布拉马普特拉河（即中国的雅鲁藏布江），将水引到中国的东北，对印度来说，这个计划将是一场人为灾难。布拉马普特拉河流经印度东北部的阿萨姆邦，如果一半水被中国人引走，这条河流将会季节性干涸。印度和孟加拉国的1亿人将会失去生计。印度肯定会设法防止这一幕发生，这无疑会开启中印这两大对手的新争端，并可能最终引发军事冲突。[1]

之所以出现"中国水威胁论"，本书认为，主要在于：其一，少数国家别有用心的鼓吹。改革开放以来，中国的经济迅速发展，政治、经济、军事实力也显著增强。这打破了原有的国际格局，引发了某些国家的担忧，于是其别有用心地制造所谓的"中国水威胁论"，以此激化中国和相关流域国间的矛盾，为中国发展制造障碍。其二，中国境内河段大多居于国际河流上游，有影响下游国的能力。一方面，我国开发、利用国际河流的行为，如建水电站等，确实会给下游带来一些影响。我国西南地区水资源丰富，国家进行相应的水电开发，相关下游国家对我国在澜沧江上进行梯级水电开发感到担忧。如泰国、越南、柬埔寨等国都担心中国在上游的开发可能导致湄公河水位下降。西北地区，由于比较缺水，我国作为上游国存在和下游国对国际河流水资源的竞争性利用问题。之前，由于条件限制，我国未对西部地区国际河流水资源进行大规模开发、利用。近些年来，我国进行西部大开发，制定了水资源开发、利用规划，这让哈萨克斯坦等国陷入紧张状态。此外，由于工业发展，我国境内国际河流河段存在不同程度的污染现象。河流水污染也会影响沿岸国或下游国。除此之外，突发性的事故也会造成河流污染。例如，2005年发生的

---

[1] 哈里·萨德. 未来中国与印度的水战 [O]. 美国合众国际社, 2008-05-13.

松花江污染，就使俄罗斯受到一定程度的影响。综上所述，中国国际河流所居的独特的地理位置，使下游国产生警惕心理，再加上一些国家别有用心的煽动，更加重了中、下游国家对我国国际河流资源利用的担忧和不满。

二、"一带一路"倡议的实施

2015 年 3 月，我国发布《推动共建丝绸之路经济带和 21 世纪海上丝绸之路的愿景与行动》，这标志着"一带一路"倡议正式启动。"一带一路"倡议借用古代丝绸之路的历史符号，旨在依托中国与有关国家现有的双边和多边机制，以共商、共建、共享为原则，积极发展与共建国家的经济合作伙伴关系，最终与共建国家形成政治互信、经济融合、文化包容的利益共同体、命运共同体和责任共同体。

"一带一路"倡议能否顺利推进，很大程度上取决于我国与共建国家能否建立政治互信关系，而政治互信关系的建立又取决于我国与共建国家之间的冲突能否得到有效解决。在各种冲突中，水资源冲突是非常典型的一种。我国境内有 40 多条国际河流，这些河流流经或跨越俄罗斯、越南、朝鲜、印度、哈萨克斯坦等国家，大多数国家为"一带一路"共建国家。近年来，随着水资源的稀缺，我国与周边国家在国际河流生态利益分配等问题上矛盾也日益突出，这成为影响我国与周边国家关系的一个重要因素。但是，水资源开发、利用既是我国与共建国家产生矛盾的一个因素，也是中国与共建国家联系的纽带，关键在于如何去运用这条纽带。我国作为上游国，如何与下游国共商、共享国际河流资源与环境利益，共同促进流域共同体的发展，是"一带一路"倡议中的重要议题。

三、我国水资源供求矛盾突出

我国江河湖泊众多，从数量来看，河流流域面积大于 100 平方千米的有 5 万多条，大于 1000 平方千米的有 1500 多条[1]；从水资源总量来看，我国水资源总量丰富，仅低于巴西、俄罗斯、加拿大、美国和印度尼西亚，排在世界第 6 位。但是，受人口、气候、污染等多种因素影响，我国还存在比较突出的水短缺问题，具体表现为以下几个方面。

第一，水资源总量丰富，人均用水量少。以 2013—2019 年水利部发布的《中国水资源公报》中的数据为例。[2]

年度 \ 水量	2013 年	2014 年	2015 年	2016 年	2017 年	2018 年	2019 年
全国水资源总量（亿立方米）	27957.9	27266.9	27962.6	32466.4	28761.2	27462.5	29041.0
全国人均综合用水量（亿立方米）	456	447	445	438	436	432	431
城镇人均生活用水量（升/天）	212	213	217	220	221	225	225
农村居民人均生活用水量（升/天）	80	81	82	86	87	89	89

从以上七年的数据可以看出，我国水资源总量丰富，但我国人口较多，加之水资源开发、利用效率不高，导致我国总供水量少，人均用水量更少。而且，在用水量上，城乡差异较大：农村居民人均生活用水量远低于城镇人均生活用水量。

[1] 黄锡生，史玉成.新编环境与资源保护法学［M］.重庆：重庆大学出版社，2019：166.
[2] 数据来源：2013—2019 年中国水利部发布的《中国水资源公报》。

第二，水资源开发、利用效率不高。水资源开发、利用是指通过地表蓄水工程、引水工程、提水工程、调水工程、地下井工程、污水处理回用、集雨工程、海水淡化工程等各种方式提取水资源并加以利用。我国国际河流大多处于边疆地区和多民族地区，交通不便，地质地形复杂，经济发展相对落后。因此，水资源开发、利用效率虽逐年在提高，但是从总体上说，还处于一个比较低的水平，甚至滞后于一些相邻国家，这从近几年我国水利部发布的《中国水资源公报》列出的数据中可见一斑。

水量＼年度	2013 年	2014 年	2015 年	2016 年	2017 年	2018 年	2019 年
全国水资源总量（亿立方米）	27957.9	27266.9	27962.6	32466.4	28761.2	27462.5	29041.0
全国总供水量（亿立方米）	6183.4	6095	6103.2	6040.2	6043.4	6015.5	6021.2
全国总供水量占当年水资源总量的比例	22.1%	22.4%	21.8%	18.6%	21%	21.9%	20.7%

除水资源总体开发、利用率低外，各地的开发、利用程度也相差较大。目前，东北地区国际河流开发、利用率为 21%，但黑龙江干流水资源利用率仅为 1.4%；西南地区国际河流水资源的开发、利用率尚不到 5%；新疆的国际河流水资源开发、利用率为 21%，内蒙古的国际河流几乎未得到开发。[1]

第三，水资源分布不均。从水资源分区看，我国水资源分布不均衡，南多北少。以《中国水资源公报》发布的数据为例。

---

[1]　谈广鸣，李奔.国际河流管理［M］.北京：中国水利水电出版社，2011：101-105.

年度 水量	2013 年	2014 年	2015 年	2016 年	2017 年	2018 年	2019 年
全国水资源 总量 （亿立方米）	27957.9	27266.9	27962.6	32466.4	28761.2	27462.5	29041.0
北方 6 区水资 源总量 （亿立方米）	6508	4658.5	4733.5	5592.7	5046.6	5807.2	5610.8
南方 4 区 水资源总量 （亿立方米）	21449.9	22608.4	23229.1	26873.7	23714.6	21655.3	23430.2
北方 6 区占比	23.3%	17.1%	16.9%	17.3%	17.5%	21.1%	19.3%
南方 4 区占比	76.7%	82.9%	83.1%	82.8%	82.5%	78.9%	80.7%

第四，旱涝灾害频繁。因自然和人为原因，我国干旱与洪涝灾害并存。近些年来，常连年发生旱涝灾害。例如，2005 年，珠江流域、淮河流域、辽河流域、福建闽江和长江、黄河的主要支流都发生大洪水，其中珠江流域西江发生 1915 年以来的最大洪水。2007 年，我国极端天气事件频发，旱涝灾害呈现先旱后涝、旱涝急转和旱涝并发的局面。淮河发生新中国成立以来仅次于 1954 年的流域性大洪水。山洪灾害频发，城市暴雨内涝严重。北方大部及南方一些地区发生冬春连旱，江南、华南等地发生严重夏伏旱，旱情主要发生在粮食主产区和作物生长关键期，波及范围广，持续时间长，影响程度深。2008 年，黄河遭遇了 40 年来最严重的凌汛，出现重大险情；珠江发生了流域性较大洪水，长江流域发生了罕见晚秋汛；东北、华北、西北和黄淮等部分地区发生了近 5 年来最严重的干旱，部分地区因干旱发生饮水困难。2010 年，我国西南五省区市发生历史罕见的特大干旱，长江上游、鄱阳湖水系、松花江等流域发生特大洪水，甘肃舟曲发生特大滑坡泥石流灾害，海南、四川两省遭遇历史罕见的强降雨过程，全国有 30 个省（自治区、直辖市）遭遇不同程度的

洪涝灾害。2011 年，北方冬麦区、长江中下游和西南地区接连出现三次大范围严重干旱；全国有 260 多条江河发生超警戒线洪水，钱塘江发生 1955 年以来的最大洪水。2016 年，全年共出现 46 次区域性暴雨过程，暴雨次数为 1961 年以来第四多，全国有四分之三的县市出现暴雨，暴雨日数为 1961 年以来最多；同时，全国干旱受灾面积占气象灾害总受灾面积的 37%。全国作物受旱面积 3.03 亿亩、受灾面积 1.48 亿亩、成灾面积 9196 万亩，共有 469 万人、650 万头大牲畜一度出现饮水困难。2018 年，24 个省份 454 条河流发生超警以上洪水，其中 72 条河流发生超保洪水，24 条河流发生超历史洪水；25 个省份发生干旱灾害，区域性和阶段性干旱明显。[1]

第五，水污染状况较为严重。经过多年的治理，我国水污染状况有所改善，但全国某些水域仍存在轻度至中度污染现象。水体污染导致我国某些地区出现水质性缺水现象，守着河流、湖泊却无水可用。2015—2019 年《中国环境状况公报》（2017—2019 年为《中国生态环境状况公报》）中发布的数据如下表所示。[2]

全国流域总体水质状况

年度	流域 ＼ 水质	I 类	II 类	III 类	IV 类	V 类	劣 V 类
2015 年	700 个国控断面	2.7%	38.1%	31.3%	14.3%	4.7%	8.9%
2016 年	1617 个国考断面	2.1%	41.8%	27.3%	13.4%	6.3%	9.1%
2017 年	1617 个水质断面	2.2%	36.7%	32.9%	14.6%	5.2%	8.4%
2018 年	1613 个水质断面	5.0%	43.0%	26.3%	14.4%	4.5%	6.9%
2019 年	1610 个水质断面	4.2%	51.2%	23.7%	14.7%	3.3%	3.0%

从以上数据可以看出，我国水质以 II ~ IV 类水为主，劣 V 类水仍占有相当比例，这部分水体基本丧失使用功能。

---

[1]　数据来源：2005—2018 年《中国水资源公报》。
[2]　数据来源：2015—2019 年《中国环境状况公报》。

此外，从我国水质的地区分布来看，我国国际河流集中的东北、西北、西南区域中，西北、西南地区水质较优，东北地区河流则存在一定程度的污染。例如，2017 年的根据《中国生态环境状况公报》，2017 年，西北诸河 62 个水质断面中，Ⅰ类、Ⅱ类、Ⅲ类、Ⅳ类、Ⅴ类水质断面分别占 12.9%、77.4%、6.4%、1.6%、1.6%，无劣Ⅴ类；西南诸河 63 个水质断面中，Ⅱ类、Ⅲ类、Ⅳ类水质断面分别占 79.4%、15.9%、3.2%，劣Ⅴ类占 1.6%，无Ⅰ类和Ⅴ类，整体水质状况较优。但是，松花江流域及松花江主要支流、黑龙江水系、图们江水系、乌苏里江水系存在轻度污染，在 108 个水质断面中，无Ⅰ类水质断面，Ⅱ类占 14.8%，Ⅲ类占 53.7%，Ⅳ类占 25.0%，Ⅴ类占 0.9%，劣Ⅴ类占 5.6%。其他各年的数据也大致如此。东北地区国际河流的污染状况让下游国担心受到牵连，尤其是 2005 年中国石油天然气股份有限公司吉林分公司双苯厂发生爆炸事故，导致苯类污染物流入松花江造成水质污染后，引发世界的关注，影响严重。

综上所述，我国水资源总量虽然丰富，但是由于人口众多、水资源开发利用效率不高、水资源分布不均、旱涝灾害频繁、水污染状况严重等原因，我国仍属于重度贫水国。要改变这种状况，需加快水利基础设施建设，解决涉及民生的水利问题；加大生态投入，治理河流污染问题；加强水利法治建设，不断提升依法治水、科学管水能力。

第三节　我国应秉承的立场

如上所述，我国在水问题上面临着内忧外患。一方面，我国存在较严重的水资源短缺问题，要满足我国经济发展和人们生活需要，我国需要大力开发、利用水资源，尤其是处于西北、西南地区的国际河流水资源。这部分地区水资源由于地理位置原因，大部分仍处于自然状态，尚未得到充分利用，还有很大的开发潜力。另一方面，与中国相毗邻的发展中国家，如越南、印度等，与中国一样，都是目前世界上经济增长最快的国家，随着各国社会经济的迅速发展，国际河流水资源的竞争和生态环境的维护等问题日益突出。由于我国居于上游，境内国际河流的开发对下游国家的水量和水质有一定的影响，容易招致下游国家的非议，影响到地区的安全与稳定。因此，在"一带一路"倡议实施的大背景下，如何既解决内忧，又排除外患，实现同流域国的共赢，是我国必须慎重思考的问题。本书认为，我国的国际河流开发、利用，应坚持以下立场。

一、积极主张权利

（一）捍卫我国对国际河流资源的开发、利用权

各国拥有按照其本国的环境与发展政策开发本国自然资源的主权权利。这项权利业已为众多国际法律文件所确认。1960 年 12 月 15 日，联合国大会通过的题为《关于协调经济欠发达国家之经济发展的行动》第 1515 号决议中建议，"遵照国际法上之国家权利与义务，每个国家处置其财富与天然资源之永久主权应予尊重"；1962 年 12 月 14 日，联合国大会通过了《关于自然资源之永久主权宣言》明确规定，"各民族及各国行使其对自然财富及资源之永久主权"，"各国必须根据主权平等原则，互相尊重，以促进各民族及各国有权自由地行使对自然资源之主权"；1966 年，联合国大会通过的《公民权利与政治权利国际公约》和《经济、社会和文化权利国际公约》都在第 1 条中规定，"所有人民得为他们自己的目的自由处置他们的天然财富和资源，而不损害根据基于互利原则的国际经济合作和国际法而产生的任何义务"；1972 年 6 月 16 日，在斯德哥尔摩召开的联合国人类环境会议通过了《联合国人类环境宣言》，该宣言第 21 项原则规定："按照《联合国宪章》和国际法原则，各国有按自己的环境政策开发自己资源的主权"；1972 年 12 月 18 日，联合国大会通过的《发展中国家对自然

资源的永久主权》的第 3016 号决议，"重申各国对于在其国家边界以内的土地上的自然资源，以及在其国家管辖范围以内的海底及其底土内和上方水域内发现的自然资源，都享有永久主权"；1974 年 5 月 1 日，联合国大会第 6 届特别会议通过了《关于建立新的国际经济秩序的宣言》重申"每个国家对自己的自然资源和一切经济活动拥有充分的永久主权"；1974 年 12 月第 29 届联合国大会通过《各国经济权利和义务宪章》，再次确认人民对自然资源的永久主权的原则，并进一步指出每一个国家对其全部财富、自然资源和经济活动，享有充分的永久主权[1]；1992 年，联合国环境与发展大会通过的《里约热内卢环境与发展宣言》原则 2 规定，"各国根据《联合国宪章》和国际法原则有至高无上的权利，按照它们自己的环境和发展政策开发它们自己的资源"。

在有关国际河流开发、利用和保护的国际法律文件中也有类似规定。例如，1966 年由国际法协会第 52 届大会通过的《国际河流利用规则》第 4 条规定了公平合理利用原则，"每个流域国在其境内有权公平合理分享国际流域内水域和利用的水益"；1997 年联合国大会通过的《国际水道非航行使用法公约》第 5 条规定，"水道国应在各自领土内公平合理地利用国际水道"。

国际河流虽是流域各国的共享资源，但是，国际河流的自然流动跨越了人为的国家边界，使国际河流与不同国家的主权联系在一起。国际河流依附于流域国的土地，与流域国的领土主权密切相关。因而，流域国对流经本国的那部分国际河流河段及水资源拥有主权，可以开发和利用。

因此，我国要积极主张对境内国际河流资源开发、利用的权利。近些年，由于经济发展对水资源需求的增加，我国开始逐步加大对境内国际河流的开发力度，制定了相应的水资源开发规划，某些流域国

[1] 陈泽宪.《公民权利与政治权利国际公约》的批准与实施［M］.北京：中国社会科学出版社，2008：532–534.

对此感到恐惧和担忧，并营造不利的国际舆论对我国施加压力。对此，我国要坚决捍卫我国的主权，绝不放弃我国正当的开发、利用国际河流的权利，维护我国的国家利益。

（二）积极主张生态补偿权

除了开发、利用权外，我国还应积极主张生态补偿权。我国境内国际河流大多处于上游及源头地区，这些地区是确保流域生态安全的关键地区，因此，我国在流域生态环境的保护上肩负了更多的责任。而且，我国境内国际河流某些河段山高坡陡，生态脆弱，易发生泥石流、水土流失，常出现河流泥沙含量增加、河道淤塞、河床淤积现象。例如，我国西南地区澜沧江和怒江流域是中国水土流失最严重的地区之一。在澜沧江和怒江中上游地区，每 100 平方千米就约有 10~50 处易发泥石流的地方。因此，要保护国际河流水资源、保育水生态环境，我国必须投入巨大的人力、物力、财力。

如果我国通过退耕还林还草、植树造林等方式减少水土流失，减少洪涝灾害对下游的威胁，通过控制工业活动、调整产业结构改善流域环境，按照受益者补偿、权利与义务相一致等原则，我国有权要求受益国给予对等的补偿。近些年，我国采取了或计划采取一系列生态保护行为以改善国际河流的生态环境。例如，云南省在怒江、澜沧江流域实施退耕还林，构建水电循环经济模式，实施流域"天然林保护工程"等措施，保护和建设这些国际河流上游生态环境。我国还将在西南地区启动石漠化、草场综合治理工程，继续推进退耕还林还草、退牧还草工作；对长江、怒江、澜沧江、雅鲁藏布江等重点流域、重要江河源头区，加大保护和治理力度；开展跨省份的重点流域、重点区域的治理工程；建立跨界污染治理协调机制和跨界污染事故应急处理机制。[1]对这一系列行动产生的生态利益，我国享有生态补偿

---

[1]　李忠将，浦超 . 我国在亚洲主要国际河流上游积极构筑生态屏障［EB/OL］.（2006-06-23）［2012-10-22］. http：//news.sohu.com/20060623/n243905267.shtml.

请求权，有权要求受益国给予适当的补偿。

二、主动承担义务

权利和义务是相一致的，没有无权利的义务，也没有无义务的权利。目前，许多国际法律规范都规定各国对境内自然资源享有永久主权的同时，也要承担相应的义务。

（一）不造成重大损害的义务

1966 年《公民权利与政治权利国际公约》和《经济、社会和文化权利国际公约》共同的第 1 条第 2 款规定，"所有人民在自由处置他们的天然财富和资源时，不得损害根据基于互利原则的国际经济合作和国际法而产生的任何义务。在任何情况下不得剥夺一个人民自己的生存手段"；1972 年 6 月 16 日在斯德哥尔摩召开的联合国人类环境会议通过的《联合国人类环境宣言》第 21 条规定，"各国在按自己的环境政策开发自己的资源时，有责任保证在他们管辖或控制之内的活动，不致损害其他国家的或在国家管辖范围以外地区的环境"；1992 年联合国环境与发展会议通过的《里约环境与发展宣言》第 2 条原则也规定，"各国有责任保证在它们管辖或控制范围内的活动不对其他国家或不在其管辖范围内的地区的环境造成危害"。

在国际河流资源的开发利用上，亦是如此。许多国际公约、条约、宣言、决议等都规定一国在行使开发利用权时，不得损害他国的主权和利益。例如，1933 年《关于国际河流工农业利用的宣言》规定，"国家既没有随心所欲地处理共享水资源的权利，也没有要求其他国家不对这些水资源做任何事的权利"；1966 年《国际河流利用规则》第 7 条规定，"不能因一个流域国将来需要利用而不准另一个流域国现在对国际流域内水域的合理利用"；1974 年联合国大会通过的《各国经济权利和义务宪章》第二章第 3 条规定，"对于两国或两国以上所共有的自然资源的开发，各国应合作采用一种通知和事前协商的制度，以谋求对此种资源作最适当的利用，而对其他国家的合法利益，所有国家在有限权利下有责任保证在其领土中的行为不对他国或地区的环境造成危害"；1978 年联合国通过的《关于共有自然资源的环境行为之原则》第 1 条原则中规定，"关于两国或两个以上国家共有自然资源的养护及和谐利用，各国有必要在环境方面合作。因此，各国必须按照公平利用共有自然资源的概念进行合作，以谋求控制、防止、减少或消除此种资源的利用可能引起的不利环境影响。这种合作必须在平等基础上进行，而且必须顾及各有关国家的主权、权利和利益"；1997 年联合国大会通过的《国际水道非航行使用法公约》第 5 条规定了公平合理的利用和参与的一般原则，"水道国应在各自领土内公平合理地利用国际水道。特别是，水道国在使用和开发国际水道时，应着眼于与充分保护该水道相一致，并考虑到有关水道国的利益，使该水道实现最佳和可持续的利用和受益。同时，水道国应公平合理地参与国际水道的使用、开发和保护。这种参与包括本公约所规定的利用水道的权利和合作保护及开发水道的义务"；1992 年欧洲经济委员会在赫尔辛基通过的《跨界水道和国际湖泊保护与利用公约》第 2 条中规定，"保证以公平合理的方式利用跨界水体，若活动引起或可能引起跨界影响时，应该特别重视其跨界性质"。

近几十年来，伴随着能源的短缺，各国的水电开发如火如荼，由此造成的跨界损害也屡见不鲜。水电开发是通过建设水电站将水能资源转化为电能的以工程形式出现的人类活动。开发水电除了能提供电能之外，还可以起到促进防洪，发展航运、旅游等多种作用，因而水电开发越来越受到各国的重视。20 世纪 50 年代以后，世界各国水电开发的规模越来越大。但是，水电开发是一把双刃剑，它一方面有助于缓解电能资源的短缺，带来巨大的经济效益和社会效益，另一方面也会淹没植被和农田、阻隔鱼类的洄游、诱发地质问题等，对自然资源和环境产生破坏。

为了制约流域国在水电开发中给他国造成损害，某些公约、条约等特意对此问题进行专门规定。早在 1923 年，国际联盟日内瓦会议就通过了《关于涉及多国的水电开发公约》。该公约第 2 条及第 4 条规定，"若合理开发水电需要进行国际调查时，有关缔约国在任何一国提出此类要求时，应同意联合进行调查，以求制定对所有国家的利益最有利的方案，并在可能的情况下制定出适当考虑了已建、在建或规划工程的开发计划""如果某缔约国计划修建的水电工程可能对其他缔约国造成重大损害，则相关国家应该举行谈判以达成施工协议"等，对缔约国在享有在本国境内开发水电的权利的同时提出了若干需要注意的事项。

2004 年国际法协会柏林会议通过的《关于水资源法的柏林规则》，对跨界损害的防范也专门进行了规定，其第 16 条提出要避免造成跨界损害，"在国际流域水资源的管理过程中，所有流域国都应在其领土内避免和防止发生对拥有公平合理利用水资源权利的另一流域国造成重大不利影响的行为或疏忽行为"。

除全球区域涉水公约、国际法协会文件等外，某些流域国间也通过签订条约的形式对各方在水利工程开发上不造成重大损害的义务作出具体规定。例如 2000 年 1 月 21 日签订于阿斯塔纳的《吉尔吉斯共和国政府和哈萨克斯坦共和国政府关于利用楚河与塔拉斯河国家间水利工程的协定》第 7 条、第 8 条规定："双方应采取共同措施，保护国家间使用的水利工程及其影响的领土，使它们免遭洪水、泥石流和其他自然灾害的不利影响。当国家间使用的水利工程出现意外的自然现象或技术原因引起的紧急情况时，双方应及时相互通报，并共同采取预防、减轻和消除其后果的行动"。

尽管采取了适当而有效的预防措施，国际河流水电资源开发过程中仍可能有损害产生。一旦跨界损害发生，采取相应措施对受害方进行救济就尤为重要。[1]《国际水道非航行使用法公约》对此作出了规定，"水道国在自己的领土内利用国际水道时，应采取一切适当措施，防止对其他水道国造成重大损害。如对另一个水道国造成重大损害，应采取一切适当措施，消除或减轻这种损害，并在适当的情况下，讨论赔偿的问题"（第7条）。《关于工业事故对跨境水域之跨境影响所造成损害的民事责任和赔偿的基辅议定书》则为跨界水工业事故之跨界影响导致损害的民事责任及赔偿建立了一套综合制度，从"损害""工业事故""危险活动""应对措施"等定义的界定、适用范围、严格赔偿责任、过错赔偿责任、应对措施、追索权、赔偿责任的期限、财务担保、国家的国际责任等方面都作了全面的规定。

综上，"不造成重大损害"已成为国际社会普遍认可的国际河流利用规则。我国作为一个负责任的大国，在积极主张在国际河流上相应权利的同时，对我国该承担的此项国际责任和义务，也绝不逃避。我国在开发利用国际河流水资源时，不应干涉其他流域国对共享河流资源的合理利用；应根据不同河流的自然条件，采取不同的措施行动，不对其他国家造成重大损害。例如，东北地区为我国重工业区，区域内国际河流的水质污染较为严重，因此须重点解决国际河流水污染的防与治问题，避免对下游地区产生重大危害；西北地区国际河流所涉各流域国较为缺水，因此我国在开发时须协调好和下游各国的水量分配问题。[2]我国西南地区国际河流虽水能资源丰富，具备较好水电综合开发条件，但生态环境脆弱，我国在立足本国利益进行水电等各种开发要多关注其对下游各国的生态环境影响，注意做好环境影响评价，对可能造成的跨界损害采取预防措施，避免造成损害。

［1］　秦天宝，王金鹏.论国际河流水电资源开发所致的国际损害责任［J］.武汉大学学报（哲学社会科学版），2014（5）：106-111.
［2］　冯彦，何大明.国际水法基本原则技术评注及其实施战略［J］.资源科学，2002（4）：89-96.

（二）信息交流的义务

在国际河流开发、利用及保护领域，各国进行知识和信息的收集与交流具有不可或缺的意义。"囚徒困境"博弈模型充分说明，在缺乏沟通、信息不畅的情形下，各流域国易互相猜忌，往往会放弃合作这一最优策略而选择各自行动这一次优策略，最终既无法实现整个流域的帕累托最优状态，也无法保障各流域国的利益。

我国是境内大多数国际河流的上游国，居于较为有利的地理位置。近些年我国对国际河流开发利用强度的加大，引发了某些流域国的争议和担心，如在对澜沧江上游进行梯级开发时，一些国家担心我国的开发可能导致湄公河水位下降，再加上某些流域国习惯将我国的发展和强大视为一种威胁，出于政治目的鼓吹"中国过度使用跨境河流将给其他国家造成生态灾难""中国在出口污染""中国利用生态武器制造洪水"等所谓的"中国威胁论"，这不仅伤害了我国和一些邻国的关系，也严重阻碍了我国和流域国在国际河流开发、保护领域共同利益的发展。这种境况的形成从根本上说是因为国家间利益诉求的不同，但也与信息交流不畅，他国对我国有较深误解有关。因此，我国可逐步考虑对某些不涉及国家秘密、不危及国家主权、安全等方面的国际河流水文信息等方面的资料向其他国家公开，以加深理解，也为同流域其他国家对国际河流进行合理的开发利用提供重要的参考。

要加强和同流域其他国家的信息交流，以消除误解与猜疑，我国应首先做好境内国际河流基础信息的收集与整理工作，在此基础上，和其他国家进行有效的互动。

首先，我国须对流域面积、流域生态环境、水资源需求、出境水量等进行科学的调查和摸底，以权威的信息、数据资料破除"中国水威胁论"，向世界展示中国作为开放、合作、负责的大国的形象，为我国的国际河流开发利用营造有利的国际舆论环境；同时，我国要主张作为上游国的生态补偿权，也必须对河流的基础情况进行详细的调查。例如，通过GIS、RS、GPS等技术进行数据和信息的管理和分析，建立流域水文、气象、环境自动化监测系统，对国际河流资源和环境状态进行动态监测，对河流丰水期、枯水期径流量，森林资源的种类和覆盖率，野生动植物、渔业资源的种类和数量等资源状况进行调查；对各河段水质状况、主要污染源、污染物排放量及影响程度、河流自净能力等生态环境进行调查；对各河段周边经济发展状况，包括工业、农业、第三产业的发展状况及其对该河段的资源和环境的依存度，各河段的发展前景及其对该河段资源和环境的影响度等进行调查。通过以上基础信息的收集，向其他流域国证明在我国努力下河流资源和生态环境状况得到改善并据此要求生态补偿。[1]其次，在信息收集整理的基础上，我国应增强与流域国的有效互动。一方面，通过 Internet 和 Web GIS 等现代通信和信息分析、传输技术，促成信息沟通渠道的畅通。另一方面，在具体问题上与流域国展开积极对话、沟通、磋商和必要的相互妥协。

总之，通过信息的收集与交流，减少其他国家对我国的误会，与流域国建立起良好的互信关系和合作关系，以便我国既充分合理又合法有据地利用国际河流水资源。

第四节　我国应采取的对策

我国作为境内大部分国际河流的上游国，承担较重的流域生态环境保护义务，如想从受益国处获得补偿，须于法有据。目前，国际河流生态补偿尚无国际法律依据，因此，我国应积极推动国际河流生态补偿制度的构建，并在国内法中对其进行纳入或转化。

---

[1]　黄锡生，峥嵘.论跨界河流生态受益者补偿原则[J].长江流域资源与环境，2012（11）：1402-1408.

一、深度参与国际立法，推动国际河流生态补偿制度的构建

我国作为国际河流生态保护的贡献国，要获得受益国给予的生态补偿，法律依据主要包含两大方面：一为我国加入的国际公约；二为我国与其他流域国缔结的流域生态补偿条约。目前，国际河流生态补偿制度尚未存在于国际公约及惯例中，我国也未与其他流域国缔结相关的国际河流生态补偿条约。因此，我国要主张我国作为贡献国的生态补偿权，就应尽力推动相关国际公约的制订或修改，并与其他流域国积极缔结生态补偿条约。要达成这些目标，我国须进行一系列准备工作，大致可表现为以下几个方面。

（一）积极参与国际规则的建构，纠正权利义务的失衡

如前所述，1997 年联合国大会通过的《国际水道非航行使用法公约》满足了缔约国的最低数目要求，于 2014 年 8 月 17 日正式生效。我国因为对强制性争端解决机制等公约条款的不认同而没有加入该公约。但是，《国际水道非航行使用法公约》对中国没有法律约束力，并不意味着该公约对中国不产生影响。

首先，中国没有加入《国际水道非航行使用法公约》，该公约条款虽不能制约中国，但是，《国际水道非航行使用法公约》作为具有里程碑意义的国际水法公约，在国际社会有较大的影响力，其他国家难免会以公约的标准来审视中国在国际河流上的开发利用行为，并提出各种质疑。例如，对中国在澜沧江等国际河流上修建梯级水电项目的行为，某些国家或国际组织借口违背了《国际水道非航行使用法公约》为代表的国际水法中规定的"公平合理利用原则"，从国际舆论等方面对中国进行施压。

其次，中国作为国际河流的上游国虽然占据了有利的地理位置，但并不意味中国在国际河流的开发利用中不会遭到来自其他流域国的侵害。中国没有加入《国际水道非航行使用法公约》，在不受其约束

的同时，也意味着对其他流域国侵害中国利益的相关行为也无法援用此公约获得保护。[1]

因此，当国际河流公约和条约中存在不符合我国利益的条款时，我国通过拒绝加入的方式来表明我国的立场，这是维护我国正当权益的一种途径。但是，这并不是解决问题的终极办法。我国应寻求更恰当的方式介入到国际河流公约、条约的拟定中，作为上游国的代表积极参与国际规则的建构，才有可能纠正国际河流开发、利用及保护中上下游国权利义务的失衡。

（二）尽力主导双边或多边条约的制定，打好生态补偿这张牌

"一条河流一个制度"，除了国际公约外，国家间的多边或双边条约在国际河流的开发、利用、保护、管理及争端解决等领域也发挥着重要作用。

1. 我国国际河流条约签订情况

相较于下游国，我国开发利用国际河流的时间较短，因而和其他流域国就国际河流开发、利用及保护等事宜达成的条约数量也并不多。近几十年以来，随着我国经济的飞速发展，我国加快了对国际河流开发利用的步伐，与流域国达成的条约数目也相对增多，条约内容主要集中于航运、水利、渔业、环保等领域。例如，在通航方面，我国与流域国签订的条约主要有《关于国境河流航运合作的协定》（中国、朝鲜，1960年），《关于澜沧江－湄公河河客货运输协定》（中国、老挝，1994年），《关于船只从乌苏里江（乌苏里河）经哈巴罗夫斯克城下至黑龙江（阿穆尔河）往返航行的议定书》（中国、俄罗斯，1994），《澜沧江－湄公河商船通航协定》（中国、老挝、缅甸、泰国，2000年）等。在水利方面，我国与流域国签订的条约主要有《关于共同建设霍尔果斯河友谊联合引水枢纽工程协定》（中国、哈萨克

---

[1]　王明远，郝少英.中国国际河流法律政策探析［J］.中国地质大学学报（社会科学版），2018（1）：14-29.

斯坦，2010）等。在渔业方面，我国与流域国签订的条约主要有《关于在界河黑龙江和乌苏里江水生资源保护、利用和再生产领域的合作协定》（中国、俄罗斯，1994 年），《关于在兴凯湖建立禁渔区的协定》（中国、俄罗斯，1996 年）。在水管理、分配方面，我国与流域国签订的条约主要有，《霍尔果斯河水资源分配和利用协议》（中国、哈萨克斯坦，1965 年），《中俄边界水体水资源管理协定》（中国、俄罗斯，1986 年），《关于跨界河流苏木拜河水资源分配和使用临时协议》（中国、哈萨克斯坦，1989 年）。除国际河流航运、水电等方面条约外，近些年来我国也开始关注环保问题，在国际河流水质的保护、自然灾害的防范等方面同流域国也有相关的合作。我国与流域国在水环境保护等方面签订的条约主要有《关于保护和利用边界水协定》（中国、蒙古国，1994 年），《关于利用和保护跨界河流的合作协定》（中国、哈萨克斯坦，2001），《关于双方紧急通报跨界河流自然灾害信息的协议》（中国、哈萨克斯坦，2005 年），《中朝两国政府环境合作协定》（中国、朝鲜，2005 年），《关于开展跨界河流科研合作的协议》（中国、哈萨克斯坦，2006 年），《关于相互交换主要跨界河流边境水文站水文水质资料的协议》（中国、哈萨克斯坦，2006 年），《关于合理利用和保护跨界水的协定》（中国、俄罗斯，2006 年），《关于跨界河流水质保护协定》（中国、哈萨克斯坦，2010 年）等。[1]

如上所述，近些年来我国较为关注国际河流的开发利用等问题，与流域国在多个方面达成了协定，但是，仔细分析这些协定，仍能发现存在如下问题：第一，从数量上看，我国签订的条约数量偏少。相对于我国境内流经的国际河流的数量和这些国际河流的流域国的数量，我国仅在少数国际河流上与部分国家签订了条约，签订的条约数明显偏少。第二，从形式上看，我国所签订的国际河流条约大多为双

---

[1] 王明远，郝少英. 中国国际河流法律政策探析［J］. 中国地质大学学报（社会科学版），2018（1）：14-29.

边条约，缺少对流域有更大影响力的多边或全流域条约。第三，从内容上看，目前条约主要侧重于航运、水利、水量分配等方面，并且条约规定大多笼统概括，没有就细节问题作出明确规定。例如，在涉及国际河流水质保护和资源保育的条约中并没有对河流环境保护有重大影响力的生态补偿作出相应规定，这不利于我国基于在国际河流上游从事的生态保育行为主张生态补偿。

2. 促成生态补偿条约或条款的制定

国际河流水资源作为流域各国的共享资源，区别于国内公共资源的一个典型特征就是它的"国际性"，国际河流水资源的自然流动使国际河流与不同国家的主权紧密相连。国家无论大小、强弱，主权都是平等的、至高无上的，因而，没有哪个国家，也不存在任何一个超越国家主权的机构，可对国际河流水资源的分配、利用进行安排，而只能由各流域国在平等互利的基础上通过谈判和协商缔结相关协议，以明确各流域国的权利和义务，实现利益的相对均衡。"没有协议，对稀缺物品的分配就可能取决于先到先得，人们可能会不择手段地获取他们想要的东西，每个人将生活在暴力与危险之中"[1]。虽然各国在利用国际河流水资源前并没有缔结协议的义务，但国际河流水资源作为一种稀缺资源，如果各国之间没有达成成熟、合理的水资源分配、利用及保护协议，就更容易产生争议，甚至引发暴力冲突。多年的国际实践业已充分证明，流域各国就水资源的公平合理利用进行协商，并在此基础上订立各自都能接受的协议是完全必要的。

在国际河流开发、利用及保护等问题上，由于各流域国间在国际利益、法律制度、历史习惯等方面存在差异，导致各国在国际河流的利益诉求、开发目标上也存在客观差异性。例如，有些国家看重水电开发，有些国家更看重农业灌溉，还有些国家则更强调获得清洁的饮用水源。由于国家主权的存在，通常又不能如同内河一样由国家制定

---

[1]　彼得·S.温茨.环境正义论［M］.朱丹琼，宋玉波，译.上海：上海人民出版社，2007：6-7.

统一的制度，对国际河流的利用、保护进行统一安排和总体规划，迫使某些流域国的局部利益服从流域整体利益。因而，只能由国家间经过谈判、协商，以双边条约或多边条约的方式来达成各国都能接受的、关于利益分配与责任承担的协议。几个世纪以来，各国都是采取协议的方法来解决问题的。从公元 805 年至 1984 年国际上关于国际河流的条约就有 3600 多条。[1]要实现生态补偿，也需要流域各国达成协议。由于各流域及流域国均存在差异，国际河流生态补偿的具体解决还有赖于每条国际河流具体协定的签订与相关配套措施的设置。

因此，我国应以我国在国际河流上游进行的资源保育及自我限制开发行为为依托，与各流域国积极、主动地进行谈判和协商，争取生态补偿规则的制定权，力求生态补偿条约的缔结从双边到多边乃至覆盖全流域。在流域内生态补偿条约中，要围绕生态补偿的补偿权利主体、补偿义务主体、补偿方式、补偿标准、补偿机构等问题作出具体规定，以确定各方的权利和义务，逐步协调各国的用水目标，调整各国的水资源管理模式，以促进流域的协调发展，使全流域国家都能从这种安排中获得相应的利益，从而改善国际河流水益分享的冲突、失衡状态。

（三）完善国内立法，实现国内法对国际河流生态补偿制度的纳入与转化

1. 国内立法现状

近几十年来，我国不仅制定了《水法》《水污染防治法》《水土保持法》《防洪法》等与水资源利用、保护相关的法律，也专门就国际河流水资源的开发、利用、管理与保护方面等问题制定了一些特别的法律、法规、规章及政策。

---

[1] 何大明，冯彦，胡金明.中国西南国际河流水资源利用与生态保护［M］.北京：科学出版社，2007：12.

（1）在河流规划方面

为使流域内优势资源得到合理开发、水资源与生态环境得到有效保护，目前，国内各主要国际河流均已制定本流域的开发利用和保护的综合规划，提交国务院水行政主管部门审批的有《怒江流域综合规划》《雅鲁藏布江流域综合规划》《额尔齐斯河流域综合规划》《伊犁河流域综合规划》以及《额敏河流域综合规划》等。国际流域综合规划作为指导国际流域治理开发和保护管理的纲领性文件，须依托国际流域本身的客观情况，对国际流域的水利水电、航运、调水、城乡供水、防洪、河道治理、农业灌溉、干支流治理、水生态环境保护等方面进行总体规划，以促进国际流域可持续发展。

（2）在取水许可方面

1996 年水利部颁布的《关于国际跨界河流、国际边界河流和跨省（自治区）内陆河流取水许可管理权限的通知》，规定松辽、黄河、长江和珠江各水利委员会分别对其管理范围内的国际跨界河流、国际边界河流和跨省（自治区）内陆河流上由国务院批准的大型建设项目的取水（含地下水）实行全额管理，受理、审核取水许可预申请，受理、审批取水许可申请、发放取水许可证。黑龙江、吉林、辽宁、内蒙古境内的黑龙江（含额尔古纳河）、乌苏里江（含松阿察河）等河流由松辽水利委员会，新疆境内的额尔齐斯河、伊犁河干流河段，青海、甘肃、内蒙古境内的黑河干流河段等由黄河水利委员会，西藏、青海、云南境内的雅鲁藏布江、怒江、澜沧江干流段和边界河段等由长江水利委员会，云南境内的红河（元江）干流段和边界河段由珠江水利委员会实行限额管理，审核取水许可预申请、审批取水许可申请、发放取水许可证。

（3）在河道建设方面

1996 年 7 月 3 日水利部发布了《关于松花江、辽河流域河道管理范围内建设项目审查权限的通知》，2000 年 3 月又发布了《关于珠江流域河道管理范围内建设项目审查权限的通知》，规定为加强对河道管理范围内建设项目的管理，保障江河防洪安全，在鸭绿江、图们江、乌苏里江、黑龙江、额尔古纳河、松阿察河、瑚布图河、白棱河、哈拉哈河的全部界河段、绥芬河（境内 10 千米河段）兴建的所有建设项目须由水利部松辽委员会审查并发放建设项目同意书，在澜沧江干流勤松至南腊河口、依洛瓦底江水系的大盈江、南苑河、瑞丽江、碗町河，怒江水系的南卡江，澜沧江水系的南览河、南阿河，以及北仑河、披劳河等河流的全部边界河段及国境内 10 千米河段等国际边界河流的建设项目须由水利部珠江水利建设委员会审查并发放建设项目同意书。

（4）在信息交流方面

在遵守 2000 年水利部和国家保密局联合发布的《水利工作中国家秘密及密级具体范围的规定》以及 2003 年水利部发布的《国际河流保密工作管理办法》相关规定的基础上，我国部分国际河流所在地发布了本区域国际河流信息获取和交流方面的规定。例如，云南省于 2003 年发布了《关于进一步加强西南国际河流等水文信息资料管理工作的通知》，并于 2010 年制定了《云南省国际河流水文资料管理暂行办法》。一方面，加快水文监测体系建设，扩大信息收集范围，加强信息分析研究，为各项决策提供依据；另一方面，由于国际河流的水资源资料（包括水文、水质、泥沙、供水水源、国际河流自然生态系统状况和情况等资料）属国家机密级事项，国际河流的洪水水情实时信息、预报成果等属国家秘密级事项，提供信息服务，必须严格执行申请、审批、保密管理等制度，按照规定程序办理，涉外信息服务，依照国家法定外事程序处理。

（5）在资源与环境保护方面

近些年来，国际河流的资源与环境保护开始受到重视，某些国际河流所在省市制定了法律法规，以加强对国际河流所涉资源和环境的开发、管理与保护，例如，1991 年西双版纳傣族自治州通过了《云南省西双版纳傣族自治州澜沧江保护条例》、2004 年新疆维吾尔自治区人大常委会颁布了《伊犁哈萨克自治州伊犁河额尔齐斯河渔业资源保护条例》等。[1]

综上，我国对国际河流所涉问题已有所关注，近些年制定了一些与国际河流开发、利用、管理、保护等方面相关的法律和政策，但是从以上的分析中也可以看出，我国在国际河流的国内立法方面还存在很多的不足。第一，从立法数量上看，所涉法律数量少。目前在此领域主要为一些政策性规定，不仅缺乏综合性的、能广泛适用于我国各国际河流的基础性法律，也缺少仅适用各流域的专门法律。"一条河流一个制度"，各流域情况差别较大，各流域理应根据本流域的情况制定仅适用于本流域的法律，但从目前的立法情况来看，我国很多国际河流都没有自己的法律。第二，从立法位阶上看，所涉法律层级较低。目前适用于国际河流的多为一些省市制定的条例、规定、暂行办法、通知等，效力层级较低。第三，从立法内容上看，目前立法多为管理性的规定，保护性规定较少，更缺乏国际河流生态补偿等方面的制度安排。因此，需要在国际河流领域加大立法的力度、提高立法的层级、丰富立法的内容。特别是在我国签订和加入与国际河流有关的公约和条约后，国内法要及时进行纳入与转化，作出相应的制度安排，以更好地实现我国作为上游国的利益诉求，促进国际河流的生态保护。

2. 国际河流生态补偿制度在国内立法中的纳入与转化

国际法是国家之间在国际交往中通过协议形成的，或者各国认可的、调整国家主体权利义务关系的法律规范的总称。国内法则是由国家制订或认可，依靠国家强制力来保证实施的，对全体社会成员具普遍约束力的行为规则。从理论上说，国际法与国内法是两个各自独立

[1]　王明远，郝少英.中国国际河流法律政策探析［J］.中国地质大学学报（社会科学版），2018（1）：14–29.

的法律体系，它们在主体、调整对象、性质、渊源等方面都是不同的，但它们是有密切联系的。国际法的一些规则来源于国内法，国内法的一些规则也来源于国际法，国际法的原则和规则需要在国内得到遵守和执行。根据公认的"条约必须遵守"的原则，一国加入某项国际条约或协定，就意味着加入国在享有条约或协定赋予的权利的同时，还必须履行条约和协定规定的义务。那么，加入国如何履行其承担的国际义务？对这个实际问题的解决，在国际法上并无统一的规定，各国在实践中也有不同的做法。一种是"直接适用"，即加入某一国际条约后，该条约即可直接运用于国内而无须再进行相应的国内立法。一种是"转化适用"，即条约在国内不具有直接运用的效力。为了在国内实施条约的内容，原则上必须制定相应的法律，即将国际法转化为国内法。还有些国家事实上根据条约的不同性质而区别采用转化适用或直接适用两种方式的做法。

国际河流生态补偿制度属于国际环境保护法律制度。如果我国加入了含有国际河流生态补偿制度的国际公约，或者和其他国家缔结了国际河流生态补偿条约或协定，那么也面临着须直接适用公约、条约或将公约、条约中的权利义务转化为国内法，以实现国际法与国内法衔接，从而更好地实现生态补偿的国际合作。

采取"直接适用"的方式，还是"转化适用"的方式，我国宪法对国际条约在国内的适用方式尚未作明确规定。但是，其他部分法对此问题有相关规定。例如，《民事诉讼法》第 268 条规定："对享有外交特权与豁免的外国人、外国组织或者国际组织提起的民事诉讼，应当依照中华人民共和国有关法律和中华人民共和国缔结或者参加的国际条约的规定办理"；此外，《行政诉讼法》《环境保护法》《海商法》等之中，均有类似规定。从以上法律的内容来看，立法虽没有"直接适用"的字样，但是却可以推测出，我国法律本身是不排斥直接适用的。此外，为了履行我国加入的国际条约，还制定了一些专门条例，以便将国际法"转化"为国内法。我国为履行有关外交关系和领事关系的两个维也纳公约而制定的《外交特权与豁免条例》和《领事特权与豁免条例》，就是这方面的典型例子。[1] 这说明，我国也是允许通过转化的方式来适用国际法的。综上所述，我国法律本身既不排斥直接适用，也不排斥转化适用，无论直接适用还是转化适用都是符合法律规定的履行国际条约义务的方式。

关于国际河流生态补偿制度在国内的实现，本书认为，须根据具体情形来确定国内法和国际法的衔接方式。由于国际河流生态补偿条约就各方权利义务都规定得非常详细，那么直接纳入适用即可，无须进行转化。如果在某一国际公约中规定了国际河流生态补偿制度，例如，如果《国际水道非航行使用法》经过修改，增加了此内容后，我国加入了该公约，而该内容由于过于原则不适宜直接适用，那么则可以采取转化的方式，通过我国现行法律、法规的废、改、立，来实现国际法与国内法衔接。

二、积极开展水外交，增进流域国间的互信与协作

我国东北、西北和西南等地区蕴藏着丰富的国际河流水资源。长期以来，由于地处偏远、开发利用难度大，这些地区优质的资源、能源一直未能被我国予以很好的开发利用。近些年来，随着我国经济的发展，对水资源的需求增加，对境内国际河流水资源开发利用的进程也随之加快，这引发了下游国的不满。国际河流下游多为地势平坦、土壤肥沃地带，下游国对国际河流的开发利用较早，它们不仅担心中国在上游的水电开发等行为会减少国际河流下游的水量，影响国际河流下游的农业、渔业等产业发展，也担心中国在上游的开发会造成国际河流的污染，使得流入河流下游的水质变坏，因此对中国在国际河

---

[1]　曾令良.国际法［M］.3 版.武汉：武汉大学出版社，2011：18-19.

流上的开发利用行为屡加阻拦，甚至提出所谓的"中国威胁论"。而一方面我国目前正处于经济发展上升期，存在资源能源的大量缺口，不可能放弃对境内国际河流的开发利用；另一方面，我国首倡"一带一路"倡议，其实施的效果又离不开周边国家的支持，在这种国际国内背景下，跨国水问题的解决成为不能回避的问题。对此，我国应积极开展水外交，探索水外交实施的新路径，讲好"中国故事"，传播"中国声音"，贡献"中国力量"，有效促进流域国间关系的改善，增强流域国间的政治互信。[1]

（一）水外交的目的：破除传言，加强战略互信

"中国水威胁论"的国际舆论一方面有损中国负责任大国的国际形象，另一方面也易引发不知情国的误解与猜疑。因此，针对负面国际舆论，我国需要制定相应的水外交对策，加强引导。一方面与境外媒体、环保 NGO 等进行有效沟通，开展深度的宣传报道。另一方面，也要与下游国就国际河流水资源问题积极进行交流，不断加强战略互信，澄清误解，将中国作为国际河流上游国为国际河流生态环境养护所作的努力、所取得的成效传播出去，让国际社会看到中国对境内国际河流的开发利用并没有威胁其他流域国对国际河流的正常开发利用，中国一直在尽力保护和保育国际河流的资源与环境。例如，我国为保护国际河流中的鱼类资源投入了大量的资金修建鱼类的洄游通道，对拟开发电站实行环保一票否决制，也一直在不断优化国际河流大坝设计，来保证我国国际河流出境的水量和水质。为防范汛期下游国受到损害，中国已连续十几年在每年汛期时向湄公河委员会提供包括雨量和水位在内的水文服务。[2]

[1] 刘博，张长春，杨泽川，等．美国水外交的实践与启示［J］.边界与海洋研究，2017，2（6）：79-89.

[2] 郭延军．"一带一路"建设中的中国澜湄水外交［J］.中国—东盟研究，2017（2）：57-67.

（二）水外交的方式：以生态贡献为切入点，化被动为主动

长期以来，我国在水外交上多采取事后型外交方式，即出现争端时才会想办法通过外交等途径处理。事后型外交方式不仅效果有限，也容易使我国陷入被动境地。因此，我国在水外交上需要调整策略，以生态贡献为切入点，化被动为主动，在履行国际义务的同时也积极主张我国作为流域国应享有的开发利用权，作为上游国基于生态贡献所应享有的生态补偿权。[1]

第一，为做到知己知彼，我国需要仔细了解、分析我国西南、西北、东北等不同区域国际河流的实情，沿线各国的国情，以及我国作为上游国与下游国存在哪些利益诉求的不同。在此基础上，制定整体水外交策略和针对各具体流域国的个性化外交策略。

第二，我国要注重参加相关国际组织，积极推动国际公约和地区水法规则的制定，抢占在国际水规则制定中的话语权。[2]

第三，我国需加强与沿线各国的联系和交流，与国际河流沿线各国举行定期的例会，保持密切的联系，定期商讨国际河流开发利用和保护中的各种问题，及时解决出现的争端。在遇到突发情况时，可以召开紧急会议。[3]

第四，在涉及水资源的争端或合作中，我国应积极主张我国在国际河流生态环境养护上所作的贡献，打好生态补偿这张牌，并提供佐证支撑。

第五，做好国际河流开发的舆情工作。中国在澜沧江等国际河流上进行水电开发等行动，不仅会在国内层面产生征地、移民安置、环保等社会矛盾，需要进行舆情监测并采取应对策略，还会在国际层面

---

[1]　许长新，孙洋洋.基于"一带一路"战略视角的中国周边水外交［J］.世界经济与政治论坛，2016（5）：110-121.

[2]　夏朋，郝钊，金海，等.国外水外交模式及经验借鉴［J］.水利发展研究，2017（11）：21-24.

[3]　许长新，孙洋洋.基于"一带一路"战略视角的中国周边水外交［J］.世界经济与政治论坛，2016（5）：110-121.

引发下游国的担忧与怀疑，需要对国际舆情的舆情强度、舆情热度、舆情倾度、舆情生长度等进行提前预测和过程监测，以便及时制定和调整对策，防范和规避国际舆论风险，争取获得相关国家政府和民众的认可和支持。[1]

三、主动采取国际河流环境保护行动，推动国际河流的协商共治

（一）加大我国对国际河流资源和环境的保护力度

1. 在境内河段上，严格执行开发行为的环境影响评价

从广义上说，环境影响评价是指对拟开展的人为活动可能造成的环境影响进行分析、预测和评估，在此基础上提出预防或者减轻不良环境影响的对策和措施，并进行跟踪监测。目前在国际社会中，对一国的具体规划和建设项目的跨界环境影响是否一定要进行环境影响评价，一般来说，取决于其是否加入相关国际公约，或与相应国家缔结有跨界环境影响评价方面的协议，或制定有跨界环境影响评价的国内立法。

在国际公约上，目前涉及跨界环境影响评价的公约主要有《跨界环境影响评价公约》。1991年2月25日在埃斯波通过的《跨界环境影响评价公约》规定：首先，"缔约方应当各自或联合采取所有适当、有效的措施，以预防、减少和控制拟议活动造成的显著不利跨界环境影响"，其次，"发起方在做出决定授权或开展附件一所列举的可能造成显著不利跨界环境影响的拟议活动以前，依照本公约的规定进行环境影响评价"，"发起方应保证向受影响方通告附件一列举的可能造成显著不利跨界影响的拟议活动"，并且发起方应为可能受到影响

---

[1]　王洪亮，周海炜．"澜湄合作"视角下国际河流水电开发环境保护舆情监测实证研究：以中国澜沧江流域水电开发为例［J］．中国农村水利水电，2017（2）：108—114．

的地区的公众，提供机会参与针对有关拟议事项开展的环境影响评价活动。截至 2014 年 3 月，该公约已有 45 个成员国。

除了《跨界环境影响评价公约》外，还有些国家间签订了包含跨界环境影响评价内容的协定，如 1995 年泰国、老挝、柬埔寨和越南签订的《湄公河流域可持续发展合作协定》规定：成员国在开发利用湄公河之前，要通知湄公河委员会，并与其他相关成员方协商，取得湄公河委员会的同意；各缔约方应尽一切努力避免、减少、消除由于湄公河流域水资源的开发与利用或污水排放可能对环境的影响，特别是对河流系统水量、水质与水生态系统的不利影响，当有正当和确凿的证据证明一个或多个国家对湄公河的利用行为会对其他沿岸国产生实质性损害时，致害国应该立即停止行为并查找损害产生的原因。1995 年我国与蒙古国、朝鲜、韩国和俄罗斯在纽约签订的《图们江经济开发区及东北亚环境准则谅解备忘录》中明确提到跨界环境影响评价，"缔约各方将进行联合（定期更新）区域环境分析，对经反复研究的整体地区发展规划在当地、国家、区域以至全球的环境影响进行评估，并联合制定区域环境调节与管理计划，以防止调节对环境的危害，基于区域环境分析及其他相关数据促进环境的改善。"

在国内立法上，美国的《国家环境政策法》、加拿大的《环境影响评价法》都有相关跨界环境影响评价的规定。例如，加拿大的《环境影响评价法》明确规定，"如果加拿大境内的项目可能对其他国家产生严重不利的环境影响，外国政府或者其行政分区政府有权向加拿大环境保护部和外交部请求对项目的跨界环境影响进行评估。"[1]而我国《环境影响评价法》等法律对跨界环境影响评价的态度还比较模糊。我国《环境影响评价法》第 3 条规定，"编制本法第九条所规定的范围内的规划，在中华人民共和国领域和中华人民共和国管辖的其他海域内建设对环境有影响的项目，应当依照本法进行环境影响评

---

[1]　边永民，陈刚.跨界环境影响评价：中国在国际河流利用中的义务［J］.外交评论（外交学院学报），2014（3）：17−29.

价"。根据此条，编制相关规划及建设与环境有关的项目，要依法环评。在规划的环评上，《环境影响评价法》第 7 条、第 8 条规定，"国务院有关部门、设区的市级以上地方人民政府及其有关部门，对其组织编制的土地利用的有关规划，区域、流域、海域的建设、开发利用规划，应当在规划编制过程中组织进行环境影响评价，编写该规划有关环境影响的篇章或者说明"，"国务院有关部门、设区的市级以上地方人民政府及其有关部门，对其组织编制的工业、农业、畜牧业、林业、能源、水利、交通、城市建设、旅游、自然资源开发的有关专项规划，应当在该专项规划草案上报审批前，组织进行环境影响评价，并向审批该专项规划的机关提出环境影响报告书"；在建设项目的环评上，《环境影响评价法》第 16 条规定，"国家根据建设项目对环境的影响程度，对建设项目的环境影响评价实行分类管理。建设单位应当按照下列规定组织编制环境影响报告书、环境影响报告表或者填报环境影响登记表：（一）可能造成重大环境影响的，应当编制环境影响报告书，对产生的环境影响进行全面评价；（二）可能造成轻度环境影响的，应当编制环境影响报告表，对产生的环境影响进行分析或者专项评价；（三）对环境影响很小、不需要进行环境影响评价的，应当填报环境影响登记表。建设项目的环境影响评价分类管理名录，由国务院生态环境主管部门制定并公布。"按以上条文的规定，我国如在境内的国际河流河段编制流域开发利用规划，或建设水电等项目，需要依法进行环境影响评价。但此处的环境影响评价是否包括了跨界环境影响评价，立法中没有明确规定。从立法本意和实践来看，"国内的"规划及开发建设项目是否会对境外环境产生影响，并不在我国法定的环境影响评价范围之内。

除了国际立法及各国国内立法外，也有一些国际判例支持跨界环境影响评价，较为典型的是 2010 年阿根廷与乌拉圭的造纸厂案。国际法院最终裁定，"当拟议的在共享资源上的工业活动可能产生严重的跨境的负面影响时，进行环境影响评价已经被视为一般国际法的一项要求，这一点最近这些年已经得到很多国家的承认，当事国之间的条约应该根据这一实践来进行解释。此外，如果在河流上规划工程的当事国，没有就工程对河流可能造成的影响，或者就工程对河水质量造成的环境影响进行评价，就不能被认为履行了谨慎和警惕的职责以及它们所包含的预防责任。"[1]

综上，由于环境问题的跨界性，国际社会越来越重视跨界环境影响评价，并逐步通过国际立法、国内立法、司法判例加以承认并保障。对我国而言，我国近些年来在国际河流上游进行的开发利用活动，尤其是水电工程的规划和建设活动受到了下游国的强烈关注，因此，从事此类活动时我国尤应看到跨界环境影响评价的重要性。其一，如果在当前的国际国内形势下，执意拒绝对在国际河流进行的某些可能会产生不利环境影响的规划或项目等进行跨界环境影响评价，可能会引发沿岸国、下游国更多的猜忌和指责，加剧所谓的"中国水威胁论"，不利于国际关系的维护，以及"一带一路"倡议的顺利开展。其二，作为国际社会的一员，我国也确有义务保证发生在本国领域内的开发利用行为不对其他国家造成重大损害。中国作为国际河流的上游国，有公平合理开发利用国际河流资源的权利，同时也负有保护和改善国际河流环境和资源的义务。要履行好这一义务，不因自身的开发利用对国际河流造成不良环境影响，不对下游国造成重大损害，环境影响评价是必不可少的一环。其三，对我国国际河流上的开发利用行为实施跨界环境影响评价机制并不全然是对中国社会、经济发展的负面约束，因为国际河流不仅是国际的河流，也是我国的河流。因此，我国应重视跨界环境影响评价的实施，对国际河流上的规划和建设项目实施后可能造成的跨界环境影响进行分析、预测和评估，将可能造成显著不利跨界环境影响的拟议活动通告给有关国家，并提

---

[1]　边永民，陈刚.跨界环境影响评价：中国在国际河流利用中的义务 [J].外交评论（外交学院学报），2014（3）：17－29.

出预防或者减轻不良环境影响的对策和措施。在评价的具体方法上，可参照国际上常规做法来确定需要评价的对象范围，如果拟议活动确实存在给流域国造成不利环境影响的可能，在相关流域国的要求下，可和其共同完成拟议活动的跨界环境影响评价，以增加评价结果的客观度、可信度。[1]

2. 健全应急机制，防止对他国造成重大损害

由于国际河流水资源的自然流动性，发生在上游国河段的污染会流入中下游国，给中下游国带来污染，尤其是某些突发事件的发生，上游国如未进行及时有效处理，不仅会造成本国河段的污染，甚至也会给其他流域国造成重大危害。因此，突发事件的预防和有效应对非常重要。

围绕此问题，1992 年《工业事故跨界影响公约》在赫尔辛基被订立。公约在序言中倡议，缔约方应认识到工业事故造成的影响会跨越边界的可能性，在工业事故发生之前、期间及之后应积极开展国际合作，采取有效的行动，预防和应对工业事故造成的跨界影响。缔约方的义务主要有：第一，信息交换和信息公开的义务。"缔约方应通过信息交换、协商和其他合作途径刻不容缓地规划和实施减少工业事故风险以及改进包括重建措施在内的预防、准备和应对措施的政策与战略"（第 3 条），而且，"缔约方应保证向可能受危险活动影响的地区的公众以适当的渠道传送充分信息。"（第 9 条）第二，采取安全措施的义务。缔约方应确保本国从事危险活动的经营者采取保证活动安全进行的预防事故发生的所有必要措施，缔约方本身也应采取立法、监管、行政和财政等方面的措施，以预防和应对工业事故（第 3 条）。第三，合作的义务。缔约方须采取适当措施与其他缔约国在公约的框架内进行合作，以尽可能降低工业事故的发生频率、严重性。第四，预防和应急准备的义务。缔约方应采取适当措施防止工业事故

---

[1] 王明远，郝少英．中国国际河流法律政策探析［J］.中国地质大学学报（社会科学版），2018（1）：14-29.

的发生，也应制订一旦事故发生可以用以减轻此类事故跨界影响的计划和措施，一旦发生工业事故或濒临其威胁，就能使用最有效的办法尽快采取适当应对措施以控制并尽量减小影响等。

《工业事故跨界影响公约》并非普适性的全球公约，仅供欧洲经济委员会成员国、具有欧洲经济委员会协商地位的国家、相关的区域经济一体化组织等签署，因此，中国无法加入该公约，但是，该公约在工业事故的应急处置上的相关规定对我国仍有重大借鉴意义。我国是境内大多数国际河流的上游国，我国境内发生的某些突发事件如果造成本国境内的国际河流水污染，很容易殃及沿岸国和下游国，给他国带来损害，因此要加强对突发事件跨界影响的防范。

近些年来，随着我国突发事件的增加，为了预防和减少突发事件的发生，为控制、减轻和消除突发事件引起的严重社会危害，我国在《突发事件应对法》《水污染防治法》等法律中作了相应的规定。《突发事件应对法》规定国家应建立统一领导、综合协调、分类管理、分级负责、属地管理为主的应急管理体制，从应急预案，突发事件信息的汇集、储存、分析、传输，突发事件的监测，突发事件的预警，突发事件的应急处置和救援等方面规范突发事件应对活动。《水污染防治法》则侧重从水污染事故的应急准备、应急处置和事后恢复等方面进行相应的制度安排，规定可能发生水污染事故的企业事业单位，应当制定有关水污染事故的应急方案，做好应急准备，并定期进行演练，一旦发生事故或者其他突发性事件，造成或者可能造成水污染事故的，应当立即启动本单位的应急方案，采取隔离等应急措施，防止水污染物进入水体，并向事故发生地的县级以上地方人民政府或者环境保护主管部门报告。2014 年 12 月国务院办公厅印发《国家突发环境事件应急预案》就可能造成国际影响的境内突发环境事件作出规定，例如，在"信息报告与通报"中，规定对可能造成国际影响的境内突发环境事件的突发环境事件信息，省级人民政府和环境保护部门应当立即向国务院报告，在"突发环境事件分级标准"中，将造成重大跨国境影响的境内突发环境事件列为特别重大突发环境事件等。但是，无论是《突发事件应对法》《水污染防治法》还是《国家突发环境事件应急预案》，都没有针对国际河流污染的跨界影响防治的措施，我国也没有与其他流域国签订关于突发性跨界水污染防治的专门性条约，因此，我国需要加强国际河流突发事件应急机制的建设，以便能更及时、有效地应对此类问题，避免对他国造成损害，同时也防范他国对我国的同类损害。

（二）推动各流域国共治国际河流

从地理特性来说，国际河流分隔或流经了不同国家，具有国际性；从自然特性来说，国际河流生态系统是一个不可分割的整体，具有整体性。国际河流的国际性和整体性决定了对国际河流的利用和保护不适宜按国界采取条块分割的开发和管理模式，而应进行国际合作，对国际河流进行综合和整体的开发、利用、保护。

由于我国国际河流大多地处偏远、自然条件恶劣、开发难度较大，加上资金缺乏，因而在过去很长一段时间内我国未对境内国际河流进行充分的开发利用，在理念上也未树立起足够的"国际意识"，习惯将境内国际河流当作国内河流看待，缺少从"国际"角度认识和研究国际河流水资源的开发与管理。这一方面影响我国对国际河流的充分开发利用；另一方面也易导致我国与流域国在国际河流相关问题的谈判中处于不利、被动的地位。因此，要充分开发利用国际河流水资源，缓解我国水资源短缺压力，同时，避免因我国某些开发利用行为引发国际争议，影响到与流域国的睦邻友好关系，就必须在国际河流的开发利用上牢固树立"国际""共享"的观念，在平等互利的基础上，根据各流域实际情况和流域国缔结相应条约或协定，协调彼此间的利益冲突，对水资源进行综合、多目标协同开发，以实现互利共赢。

与此同时，要实现对国际河流资源与环境的保护，更需要加强流域国间的合作。合作是一个理性的国家在动态博弈中达到利益均衡的过程。1972 年斯德哥尔摩《人类环境宣言》第 7 条指出："种类越来越多的环境问题，因为它们在范围上是地区性或全球性的，或者因为它们影响着共同的国际领域，将要求国与国之间广泛合作和国际组织采取行动以谋求共同的利益。"我国和其他流域国的合作亦是如此。要避免"公地悲剧"和"囚徒困境"，平衡我国与同流域其他国家在国际河流水益分享中的冲突，实现国际河流水资源保护和利用效率尽可能大的帕累托改进，除了真诚合作之外别无出路。一方面，我国和其他流域国存在进行国际合作的必要性。国际河流是流域各国的共享资源，各国有利用的权利，也有保护的义务。但由于国际河流具有跨国界流动性、生态系统整体性，这使得国际河流的水量维护、污染防治、生态环境保护等问题不是单一国家的资金、技术、人力所能独立解决的，而必须由各流域国在相互理解和相互信任的基础上同心协力、共同应对，才能实现国际河流的保护、国际河流水生态环境的维护。另一方面，我国与其他流域国也存在进行国际合作的可能性。我国与其他流域国间虽然在水益分享上存在某些冲突与对立，但是也有着共同利益。共同利益的存在是建立国际合作的基本激励因素，共同利益越多，开展合作的可能性就越大，流域国间合作的收益共享与成本分担越容易实现，合作范畴就越广泛，潜在的冲突程度就越低。正如著名政治学家罗伯特·基欧汉所说，"国际机制的形成取决于共同的或者相互补充的利益的存在，这些利益能够被政治行为者所意识到，从而使共同的生产联合受益的行为是理性的"[1]。因此，各流域国水益分享冲突的博弈并不必然是一场"零和游戏"，而是存在共赢的可能性。如果各流域国能在求同存异的基础上进行合作，完全可能通过共同利益的满足最终达到流域国各自利益实现的目的。

因此，我国要以互利共赢为方向，以国际河流水资源问题的解决

---

[1] 罗伯特·基欧汉.霸权之后：世界政治经济中的合作与纷争[M].苏长和，信强，何曜，译.上海：上海人民出版社，2006：79-84.

为契机，利用自身在地理位置、技术、资金等方面的优势，积极促成我国和其他流域国在水资源相关领域如环境保护、水电开发、农业发展、航道运输等方面进行战略合作和优势互补。国际河流水资源领域的合作反过来又可以促进国际河流各流域国在国际河流开发利用保护等问题上存在的矛盾的解决。[1]

---

[1]　马笑清."一带一路"背景下中印跨境水资源问题研究：以印度主流英文报纸的跨境水资源报道为例［J］.西藏民族大学学报（哲学社会科学版），2016，37（6）：25-29，154.

主要参考文献

（一）著作类

[1] 王禹翰.中外地理一本通［M］.沈阳：万卷出版公司，2010.

[2] 冯晓晶，杨琛.人类生命之源——水［M］.北京：中国三峡出版社，2014.

[3] 翁锦武.中外河流科学治污范例精编［M］.杭州：浙江工商大学出版社，2015.

[4] 畲田.珍贵的水资源［M］.长春：北方妇女儿童出版社，2009.

[5] 何大明，冯彦.国际河流跨境水资源合理利用与协调管理［M］.北京：科学出版社，2006.

[6] 蔡守秋.调整论：对主流法理学的反思与补充［M］.北京：高等教育出版社，2003.

[7] 张文显.法理学［M］.北京：高等教育出版社，2007.

[8] 黑格尔.法哲学原理：或自然法和国家学纲要［M］.范扬，张启泰，译.北京：商务印书馆，2011.

[9] 詹宁斯，瓦茨.奥本海国际法——第一卷，第二分册［M］.王铁崖，译.北京：中国大百科全书出版社，1998.

[10] 盛愉，周岗.现代国际水法概论［M］.北京：法律出版社，1987.

[11] 王铁崖.国际法［M］.北京：法律出版社，1995.

[12] 王志坚.国际河流法研究［M］.北京：法律出版社，2012.

[13] 邱秋.中国自然资源国家所有权制度研究［M］.北京：科学出版社，2010.

[14] 胡文耕.整体论［M］.北京：中国大百科全书出版社，1995.

[15] 约翰·罗尔斯.正义论［M］.何怀宏，何包钢，廖申白，译.北京：中国社会科学出版社，2009.

[16] 罗伯特·诺齐克.无政府、国家和乌托邦［M］.姚大志，译.北京：中国社会科学出版社，2008.

[17] 张文显.当代西方法哲学［M］.长春：吉林大学出版社，1987.

[18] 亚里士多德.政治学［M］.吴寿彭，译.北京：商务印书馆，1965.

［19］西塞罗.论共和国、论法律［M］.北京：中国政法大学出版社，1997.

［20］桑德罗·斯奇巴尼.民法大全选译·物与物权［M］.范怀俊，译.北京：
中国政法大学出版社，1993.

［21］保罗·萨缪尔森，威廉·诺德豪斯.经济学［M］.萧琛主译.北京：人民
邮电出版社，2008.

［22］龚高健.中国生态补偿若干问题研究［M］.北京：中国社会科学出版社，
2011.

［23］吕忠梅.超越与保守：可持续发展视野下的环境法创新［M］.北京：法律
出版社，2003.

［24］李博.生态学［M］.北京：高等教育出版社，2000.

［25］孔繁德.生态学基础［M］.北京：中国环境科学出版社，2006.

［26］刘国涛.环境与资源保护法学［M］.北京：中国法制出版社，2004.

［27］汪劲.环境法学［M］.北京：北京大学出版社，2006.

［28］E.马尔特比等.生态系统管理：科学与社会问题［M］.康乐，韩兴国，
等译.北京：科学出版社，2003.

［29］刘向华.生态系统服务功能价值评估方法研究：基于三江平原七星河湿地
价值评估实证分析［M］.北京：中国农业出版社，2009.

［30］高景芳，赵宗更.行政补偿制度研究［M］.天津：天津大学出版社，2005.

［31］王金南，万军，张惠远，等.中国生态补偿政策评估与框架初探［A］// 王
金南，庄国泰.生态补偿机制与政策设计［M］.北京：中国环境科学出版
社，2006.

［32］道格拉斯·诺思.经济史中的结构与变迁［M］.陈郁，罗华平，等译.上海：
上海三联书店，1991.

［33］马克斯·韦伯.经济与社会（上卷）［M］.林荣远，译.北京：商务印书馆，
1997.

［34］青木昌彦.比较制度分析［M］.周黎安，译.上海：上海远东出版社，
2001.

［35］康芒斯.制度经济学（上册）［M］.于树生，译.北京：商务印书馆，
1962.

［36］黄锡生.水权制度研究［M］.北京：科学出版社，2005.

［37］钱俊生，余谋昌.生态哲学［M］.北京：中共中央党校出版社，2004.

［38］刘广纯，王英刚，苏宝玲，等.河流水质生物监测理论与实践［M］.沈阳：
东北大学出版社，2008.

［39］杨桂山，于秀波，李恒鹏，等.流域综合管理导论［M］.北京：科学出版社，
2004.

［40］马歇尔.马歇尔文集：经济学原理（上）［M］.朱志泰，译.北京：商务
印书馆，2019.

［41］A.C.庇古.福利经济学（上卷）［M］.朱泱，张胜纪，吴良健，译.北京：商务印书馆，2006.

［42］王凤珍.人类理性的重建：环境危机的哲学反思［M］.北京：高等教育出版社，2004.

［43］霍尔姆斯·罗尔斯顿.哲学走向荒野［M］.刘耳，叶平，译.长春：吉林人民出版社，2000.

［44］E.博登海默.法理学：法律哲学与法律方法［M］.邓正来，译.北京：中国政法大学出版社，1999.

［45］周文华.论法的正义价值［M］.北京：知识产权出版社，2008.

［46］王志民，申晓若，魏范强.国际政治学导论［M］.北京：对外经济贸易大学出版社，2010.

［47］弗里德里希·冯·哈耶克.经济、科学与政治：哈耶克思想精粹［M］.冯克利，译.南京：江苏人民出版社，2000.

［48］边沁.道德与立法原理导论［M］.时殷弘，译.北京：商务印书馆，2000.

［49］何大明，冯彦，胡金明，等.中国西南国际河流水资源利用与生态保护［M］.北京：科学出版社，2007.

［50］丁任重.西部资源开发与生态补偿机制研究［M］.成都：西南财经大学出版社，2009.

［51］冯彦.国际河流水资源法及相关政策研究［M］.昆明：云南科技出版社，2001.

［52］格蕾琴·C.戴利，凯瑟琳·埃利森.新生态经济：使环境保护有利可图的探索［M］.郑晓光，刘晓生，译.上海：上海科技教育出版社，2005.

［53］罗纳德·德沃金.至上的美德：平等的理论与实践［M］.冯克利，译.南京：江苏人民出版社，2003.

［54］王海明.公正 平等 人道——社会治理的道德原则体系［M］.北京：北京大学出版社，2000.

［55］周世中.法的合理性研究［M］.济南：山东人民出版社，2004.

［56］邵沙平.国际法［M］.北京：中国人民大学出版社，2007.

［57］卓泽渊.法的价值论［M］.2版.北京：法律出版社，2006.

［58］罗·庞德.通过法律的社会控制、法律的任务［M］.沈宗灵，董世忠，译.北京：商务印书馆，1984.

［59］乔克裕，黎晓平.法律价值论［M］.北京：中国政法大学出版社，1991.

［60］葛洪义.法理学［M］.3版.北京：中国人民大学出版社，2011.

［61］刘玉龙.生态补偿与流域生态共建共享［M］.北京：中国水利水电出版社，2007.

［62］爱蒂丝·布朗·魏伊丝.公平地对待未来人类：国际法、共同遗产与世代间的公平［M］.汪劲，等译.北京：法律出版社，2000.

［63］彼得·斯坦，约翰·香德.西方社会的法律价值［M］.王献平，译.郑成思，校.北京：中国人民公安大学出版社，1990.

［64］汪劲.环境法的价值理念研究［M］//周珂.环境法学研究［M］.北京：中国人民大学出版社，2008.

［65］张文显.法学概论［M］.北京：高等教育出版社，2010.

［66］张俊杰.法理学案例教程［M］.北京：人民出版社，2009.

［67］吕忠梅.法学通识九讲［M］.北京：北京大学出版社，2011.

［68］沈宗灵.法学基础理论［M］.北京：北京大学出版社，1988.

［69］凯尔森.法与国家的一般理论［M］.沈宗灵，译.北京：中国大百科全书出版社，1996.

［70］朱晓青.国际法［M］.北京：社会科学文献出版社，2005.

［71］陈德敏.环境与资源保护法［M］.武汉：武汉大学出版社，2011.

［72］黄锡生，李希昆.环境与资源保护法学［M］.重庆：重庆大学出版社，2002.

［73］谈广鸣，李奔.国际河流管理［M］.北京：中国水利水电出版社，2011.

［74］李金昌，姜文来，靳乐山，等.生态价值论［M］.重庆：重庆大学出版社，1999.

［75］刘亚萍.生态旅游区游憩资源经济价值评价研究［M］.北京：中国林业出版社，2008.

［76］中国21世纪议程管理中心.生态补偿原理与应用［M］.北京：社会科学文献出版社，2009.

［77］王胜今，景跃军.人口·资源·环境与发展［M］.长春：吉林人民出版社，2006.

［78］邵津.国际法［M］.北京：北京大学出版社，2011.

［79］王献枢.国际法［M］.北京：中国政法大学出版社，1994.

［80］林灿铃.国际环境法［M］.北京：人民出版社，2004.

［81］吕忠梅.环境法［M］.北京：高等教育出版社，2009.

［82］何大明，汤奇成，等.中国国际河流［M］.北京：科学出版社，2000.

［83］陈泽宪.《公民权利与政治权利国际公约》的批准与实施［M］.北京：中国社会科学出版社，2008.

［84］彼得·S.温茨［M］.环境正义论.朱丹琼，宋玉波，译.上海：上海人民出版社，2007.

［85］曾令良.国际法［M］.3版.武汉：武汉大学出版社，2011.

［86］罗伯特·基欧汉.霸权之后：世界政治经济中的合作与纷争［M］.苏长和，信强，何曜，译.上海：上海人民出版社，2006.

［87］何艳梅.国际水资源利用和保护领域的法律理论与实践［M］.北京：法律出版社，2007.

［88］水利部国际经济技术合作交流中心编译.国际涉水条法选编［M］.北京：
　　　社会科学文献出版社，2011.

（二）论文类

［1］李志斐.水资源外交：中国周边安全构建新议题［J］.学术探索，2013（4）：
　　　28.

［2］柯坚，高琪.从程序性视角看澜沧江—湄公河跨界环境影响评价机制的法律
　　　建构［J］.重庆大学学报（社会科学版），2011（2）：14–22.

［3］邢鸿飞，王志坚.国际河流安全问题浅析［J］.水利发展研究，2010（2）：
　　　27–29，47.

［4］张泽.国际水资源安全问题研究［D］.北京：中共中央党校，2009：50–51.

［5］曾尊固，龙国英.尼罗河水资源与水冲突［J］.世界地理研究，2002（2）：
　　　101–106.

［6］李志斐.跨国界河流问题与中国周边关系［J］.学术探索，2011（1）：
　　　27–33.

［7］朴键一，李志斐.水合作管理：澜沧江—湄公河区域关系构建新议题［J］.
　　　东南亚研究，2013（5）：27–35.

［8］陈丽晖，曾尊固.国际河流整体开发和管理及两大理论依据［J］.长江流域
　　　资源与环境，2001（4）：309–315.

［9］黄锡生，叶轶.论跨界水资源管理的核心问题和指导原则［J］.重庆大学学
　　　报（社会科学版），2011，17（2）：8–13.

［10］胡文俊，简迎辉，杨建基，等.国际河流管理合作模式的分类及演进规律
　　　　探讨［J］.自然资源学报，2013（12）：2034–2043.

［11］何艳梅.国际河流水资源公平和合理利用的模式与新发展实证分析、比较
　　　　与借鉴［J］.资源科学，2012（2）：229–241.

［12］丁桂彬，毛春梅，吴蕴臻.国内关于国际河流管理研究进展初探［J］.中
　　　　国农村水利水电，2009（8）：55–58.

［13］刘登伟，李戈.国际河流开发和管理发展趋势［J］.水利发展研究，2010
　　　　（5）：69–74.

［14］黄锡生，峥嵘.论跨界河流生态受益者补偿原则［J］.长江流域资源与环境，
　　　　2012（11）：1402–1408.

［15］曾文革，许恩信.论我国国际河流可持续开发利用的问题与法律对策［J］.
　　　　长江流域资源与环境，2009（10）：926–930.

［16］李学.全球化背景下的国家间区域公共管理：起源、特点与实践模式［J］.
　　　　东南学术，2005（2）：50–53.

［17］黎桦林.流域府际合作治理机制文献综述［J］.学理论，2013（30）：15–
　　　　17.

［18］边永民，陈刚．跨界环境影响评价：中国在国际河流利用中的义务［J］．外交评论（外交学院学报），2014（3）：17-29．

［19］何大明．跨境生态安全与国际环境伦理［J］．科学，2007（3）：14-18．

［20］胡兴球，张阳，郑爱翔．流域治理理论视角的国际河流合作开发研究：研究进展与评述［J］．河海大学学报（哲学社会科学版），2015（2）：59-64，91．

［21］禄德安，闫昭宁．国际河流水资源争端对国际关系的影响［J］．成都大学学报（社会科学版），2018（6）：12-18．

［22］周晓明，黄雅屏，赵发顺．我国国际河流水资源争端及解决机制［J］．边界与海洋研究，2017（6）：62-71．

［23］秦天宝，王金鹏．论国际河流水电资源开发所致的国际损害责任［J］．武汉大学学报（哲学社会科学版），2014（5）：106-111．

［24］王明远，郝少英．中国国际河流法律政策探析［J］．中国地质大学学报（社会科学版），2018（1）：14-29．

［25］李彩虹．国际水资源分配的伦理考量［J］．河海大学学报（哲学社会科学版），2008（3）：101-106，116．

［26］黄锡生．经济法视野下的水权制度研究［D］．重庆：西南政法大学，2004：76．

［27］徐国栋．"一切人共有的物"概念的沉浮："英特纳雄耐尔"一定会实现［J］．法商研究，2006（6）：140-152．

［28］曾彩琳，黄锡生．国际河流共享性的法律诠释［J］．中国地质大学学报（社会科学版），2012（2）：29-33，138．

［29］李爱年，彭丽娟．生态效益补偿机制及其立法思考［J］．时代法学，2005（3）：65-74．

［30］曹明德．森林资源生态效益补偿制度简论［J］．政法论坛，2005（1）：133-138．

［31］杜群．生态补偿的法律关系及其发展现状和问题［J］．现代法学，2005（3）：186-191．

［32］史玉成．生态补偿制度建设与立法供给：以生态利益保护与衡平为视角［J］．法学评论，2013（4）：115-123．

［33］王宗廷．生态补偿的法律蕴含［J］．理论月刊，2005（6）：110-113，116．

［34］李集合，成铭．生态补偿法律制度研究的理论误区及其修正［J］．法学杂志，2008（6）：59-62．

［35］李文华，刘某承．关于中国生态补偿机制建设的几点思考［J］．资源科学，2010（5）：791-796．

［36］杨文慧．河流健康的理论构架与诊断体系的研究［D］．南京：河海大学，

2007：10.

［37］卢艳丽，丁四保．国外生态补偿的实践及对我国的借鉴与启示［J］．世界地理研究，2009（3）：161-168.

［38］池勇海．共同利益论——基于国际经济的视角［D］．上海：复旦大学，2010：16.

［39］陈晓景．流域管理法研究：生态系统管理的视角［D］．青岛：中国海洋大学，2006：25.

［40］黄锡生，曾彩琳．跨界水资源公平合理利用原则的困境与对策［J］．长江流域资源与环境，2012（1）：79-83.

［41］何学民．我所看到的美国水电（之五）——美国哥伦比亚流域水电梯级效益补偿及调度运营［J］．四川水力发电，2006，25（1）：132-136，139.

［42］高彤，杨姝影．国际生态补偿政策对中国的借鉴意义［J］．环境保护，2006（19）：71-76.

［43］吕晋．国外水源保护区的生态补偿机制研究［J］．中国环保产业，2009（1）：64-67.

［44］王蓓蓓，王燕，葛颜祥，等．流域生态补偿模式及其选择研究［J］．山东农业大学学报（社会科学版），2009（1）：45-50.

［45］田向荣，孔令杰．国际水法发展概述［J］．水利经济，2012（2）：34-36.

［46］曾彩琳．国际河流公平合理利用原则：回顾、反思与消解［J］．世界地理研究，2012（2）：41-46.

［47］张晓京．《国际水道非航行使用法公约》争端解决条款评析［J］．求索，2010（12）：155-157.

［48］杨恕，沈晓晨．解决国际河流水资源分配问题的国际法基础［J］．兰州大学学报（社会科学版），2009（7）：8-15.

［49］黄锡生．论国际水域利用和保护的原则及对我国的启示——兼论新《水法》立法原则的完善［J］．科技与法律，2004（1）：96-99.

［50］何艳梅．刍议国际水条约［J］．水资源研究，2007（3）：88-89.

［51］佘正荣．生态发展：争取人和生物圈的协同进化［J］．哲学研究，1993（6）：18-25.

［52］何艳梅．国际河流水资源分配的冲突及其协调［J］．资源与产业，2010（8）：53-57.

［53］吕世伦，张学超．权利义务关系考察［J］．法制与社会发展，2002（3）：53-60.

［54］郑贤君．权利义务相一致原理的宪法释义——以社会基本权为例［J］．首都师范大学学报（社会科学版），2007（5）：41-48.

［55］金慧华．国际法院对国际水道环境争端的解决——以乌拉圭河纸浆厂案为例［J］．社会科学家，2010（12）：72-75.

［56］冯彦，何大明.国际水法基本原则技术评注及其实施战略［J］.资源科学，2002（4）：89-96.

［57］刘博，张长春，杨泽川，等.美国水外交的实践与启示［J］.边界与海洋研究，2017，2（6）：79-89.

［58］郭延军.“一带一路”建设中的中国澜湄水外交［J］.中国—东盟研究，2017（2）：57-67.

［59］夏朋，郝钊，金海，等.国外水外交模式及经验借鉴［J］.水利发展研究，2017（11）：21-24.

［60］王洪亮，周海炜.“澜湄合作”视角下国际河流水电开发环境保护舆情监测实证研究：以中国澜沧江流域水电开发为例［J］.中国农村水利水电，2017（2）：108-114.

［61］马笑清.“一带一路”背景下中印跨境水资源问题研究：以印度主流英文报纸的跨境水资源报道为例［J］.西藏民族大学学报（哲学社会科学版），2016，37（6）：25-29，154.

（三）外文类

［1］Wolf A T. Shared Waters：Conflict and Cooperation［J］. Annual Review of Environment and Resources，2007（32）：241-269.

［2］Ariel Dinar，Shlomi Dinar，Stephen McCaffrey，etal. Bridges over water：Understanding transboundary water conflict，negotiation and cooperation［M］. Hackensack，New Jersey：World Scientific Publishing Company，2009，33（1）：94-95.

［3］Kliot N，Shmueli D，Shamir U. Institutions for management of transboundary water resources：Their nature，characteristics and shortcomings［J］. Water Policy，2001（3）：229-255.

［4］Brochmann M，Hensel P R. The effectiveness of negotiations over international river claims［J］. International Studies Quarterly，2011（55）：859-882.

［5］Walmsley N，Pearce G. Towards sustainable water resources management：Bringing the strategic approach up-to-date［J］. Irrigation Drainage System，2010（24）：191-203.

［6］Lebel L，Nikitina E. Pahl-wostl C，et al. Institutional fit and river basin governance：A new approach using multiple composite measures［J］. Ecology and Societ，2013（1）：1-20.

［7］Correia F N，Da Silva J E. International framework for the management of transboundary water resources［J］.Water International，1999，24（2）：86-94.

［8］Wolf A T. Criteria for equitable allocations：The heart of international water conflict〔J〕. Natural Resources Forum，1999，23（1）：3–30.

〔9〕Wolf A. T. Trends in transboundary water resources：Lessons for cooperative projects in the middle east〔M〕. David B. Brooks，Ozay Mehmet.Water Balances in the Eastern Mediterranean. Ottawa：IDRC Press，2000：137–156.

〔10〕Holdren J P，Ehrlich P R.Human population and global environment〔J〕. American Scientist，1974：282–292.

〔11〕Douglas E. Litowitz. Postmodern philosophy and law〔M〕.New Jersey：Princeton University Press，1997.

〔12〕Oran R.Young. International Cooperation：Building Regimes for Natural Resources and the Environment〔M〕. Ithaca：Cornell University Press，1989：199.

（四）其他类

〔1〕李培，张风春，张晓岚.跨界水环境管理借鉴国外合作机制〔N〕.中国水利报，2012–10–11.

〔2〕《环境科学大词典》委员会.环境科学大词典〔Z〕.北京：中国环境科学出版社，2008.

〔3〕中国社会科学院语言研究所词典编辑室.现代汉语词典（第6版）〔Z〕.北京：商务印书馆，2012.

〔4〕俞祖华.中国古代的和谐思想〔N〕.光明日报，2005–02–28.

〔5〕高立洪.墨累–达令流域水与生态问题的解决之道〔N〕.中国水利报，2005–09–03（4）.

〔6〕《辞海》编辑委员会.辞海〔Z〕.上海：上海辞书出版社，1989.